Jean-Pierre Chalon

Faire la PLUIE ou le BEAU TEMPS rêve ou réalité ?

8, rue Férou 75278 Paris cedex 06
www.editions-belin.com
Belin : POUR LA SCIENCE

Aux éditions Belin-Pour la Science

- B. Valeur, *La couleur dans tous ses éclats,* 2011.
- E. Guyon, J.-P. Hulin, L. Petit, *Ce que disent les fluides,* 2011.
- N. Nosengo, *L'extinction des technosaures. Histoire de technologies oubliées,* 2010.
- J.-M. Courty et E. Kierlik, *La physique buissonnière,* 2010.
- P. Causeret, J.-L Fouquet, L. Sarrazin, *La lune à portée de main. Phases, éclipses, marées,* 2010.
- Y. Nazé, *L'astronomie des anciens,* 2009.
- D. Jamet et F. Mottez, *2012. Scénarios pour une fin du monde,* 2009.
- A. Kroh, *Petit traité de l'imposture scientifique,* 2009.
- Y. Corboz, *Météorologie. 100 expériences pour comprendre les phénomènes météo,* 2008.
- A. Doressoundiram et E. Lellouch, *Aux confins du système solaire,* 2008.
- L. Laveder et D. Jamet, *Le ciel, un jardin vu de la Terre,* 2008.
- R. Delmas, S. Chauzy, J.-M. Verstraete, H. Ferré, *Atmosphère, océan et climat,* 2007.
- C. Ray et J.-C. Boizat, *La physique par les objets quotidiens,* 2007.
- J.-M. Courty et E. Kierlik, *Le monde a ses raisons. La physique au cœur du quotidien,* 2006.
- D. Savoie, *La comosgraphie. Comprendre les mouvements du Soleil, de la Lune et des planètes,* 2006.
- P. Causeret, J.-L Fouquet, L. Sarrazin, *Le ciel à portée de main. 50 expériences d'astronomie,* 2005.
- M. Clamen, *Jules Verne et les sciences,* 2005.
- Y. Nazé, *Les couleurs de l'Univers,* 2005.
- M. Blay, *Les figures de l'arc-en-ciel,* 2005.
- R. Lehoucq, J.-M. Courty et E. Kierlik, *Les lois du monde. Notre environnement expliqué par la physique,* 2004.
- D. Savoie, *Les cadrans solaires,* 2003.
- P. Causeret, L. Sarrazin, *Les saisons et les mouvements de la Terre,* 2001.

Les éditions Belin remercient Philippe Boulanger pour sa relecture attentive du texte.

Couverture : iStockphoto/Thinkstock

 ISSN 1773-8016 ISBN 978-2-7011-5101-4

Sommaire

Avant-propos

Les caprices du ciel ont parfois des effets catastrophiques. Pendant que certaines régions reçoivent en quantités astronomiques des précipitations qui détruisent tout sur leur passage, d'autres souffrent d'un crucial manque d'eau. D'après l'Organisation météorologique mondiale (OMM), près de 90 % des catastrophes naturelles ont pour origine un phénomène météorologique, climatique ou hydrologique, et notamment les sécheresses, les inondations et les cyclones tropicaux. Elles font chaque année près de 1,5 million de victimes et entraînent des pertes économiques évaluées à plus de 900 milliards d'euros.

Dans des régions désertiques comme le Sahel, les grandes sécheresses privent les populations d'eau douce et entraînent la destruction des cultures, mettant en jeu la vie de millions de personnes. Même sous des climats tempérés, l'absence de précipitation a des conséquences économiques et humaines importantes : en France, une sécheresse comme celle de 1976 a réduit la production agricole de plus de 30 %. Ses conséquences s'élèveraient en moyenne à près de 500 millions d'euros, tandis que la sécheresse de 2003 aurait coûté plus de 2,8 milliards d'euros.

Les évolutions climatiques annoncées pour les années à venir risquent d'aggraver encore cette situation. Sans précipitation atmosphérique, l'eau douce facilement accessible, contenue dans les rivières, les lacs, les retenues artificielles et les nappes phréatiques peu profondes, disparaîtrait en quelques mois. La faim et le manque d'eau potable menacent des milliards d'êtres humains. Une véritable guerre est engagée entre l'Homme et la Nature.

Si l'absence de nuages précipitants engendre la sécheresse, leur présence peut devenir parfois tout aussi dramatique et provoquer des inondations dévastatrices ou donner naissance à des chutes de grêle, des foudroiements, des coups de vent violents ou des tornades.

Des régions comme l'Inde ou le Bangladesh souffrent régulièrement de violentes inondations associées à la mousson. La ville de Lloro, en Colombie, reçoit en moyenne plus de 13 mètres d'eau chaque année. En février 2007, plus de 3,9 mètres d'eau ont été enregistrés en seulement 72 heures au cratère Commerson, sur l'île de La Réunion. On se souvient encore des pluies incessantes de la baie de Somme en 2001, ou des pluies torrentielles emportant tout sur leur passage qui ont affecté Nîmes en 1988 (11 morts et 45 000 sinistrés), Vaison-la-Romaine (40 morts) en 1992, l'Aude en 1999, le Sommiérois en 2002 (24 morts, 419 communes sinistrées) ou la région de Draguignan en 2010 (23 morts et des dégâts matériels estimés à plus d'un milliard d'euros). En Australie, les autorités estiment à 200 000 le nombre de personnes affectées par de brusques montées des eaux de décembre-janvier 2010 qui ont inondé vingt-deux bourgades rurales et recouvert d'eau une région aussi grande que la France et l'Allemagne réunies. En France, 15 700 communes sont exposées au risque d'inondation et près de 6 000 au risque de glissements de terrain.

La grêle peut également avoir des effets catastrophiques non seulement sur les cultures, mais aussi sur l'ensemble des équipements extérieurs, les voitures ou les immeubles. En France, les dégâts annuels associés à ce fléau seraient généralement compris entre 500 et 600 millions d'euros, mais pourraient atteindre voire dépasser le milliard d'euros certaines années particulièrement grêligènes. Les tempêtes, les tornades et les cyclones tropicaux tuent annuellement plusieurs centaines de personnes et en blessent plusieurs milliers. Aux États-Unis, le 8 mars 1925, on a compté près de 700 morts, 2 000 blessés et des milliards de dollars de dégâts. Dans le Nord de la France, la tornade qui a dévasté Hautmont le 3 août 2008 a fait 4 morts et 18 blessés, détruit 700 logements et provoqué des dégâts estimés à plus 40 millions d'euros. En 2010, la tempête Xynthia a provoqué de violentes submersions marines en Vendée et en Charente-Maritime. Elle a durement touché l'ensemble des pays de l'Europe de l'Ouest où elle a entraîné la mort de 65 personnes.

La foudre aussi représente un réel danger. Chaque année, en France, où le réseau Météorage enregistre en moyenne de plus de 500 000 coups de foudre atteignant le sol, elle tue une vingtaine de personnes et près de 20 000 têtes de bétail.

Enfin, nous ne saurions terminer cette énumération des dangers météorologiques sans mentionner les brouillards qui représentent fréquemment une gêne sérieuse pour les transports et augmentent les risques d'accidents sur les routes, sur les mers et dans les airs.

Quels pouvoirs avons-nous sur la Nature ?

Ne peut-on limiter les dégâts qu'occasionnent ces pluies intenses, ces vents tempétueux, ces brouillards épais, ces foudroiements ? Ne peut-on les détourner de leur trajectoire, les dissiper ou tout simplement empêcher leur formation ? Ne peut-on détruire les grêlons avant qu'ils n'atteignent le sol et les cultures ou les bâtiments ?

Certaines régions manquent d'eau, pourtant, tout autour, dans l'atmosphère cette denrée abonde. Sur l'ensemble du globe, la vapeur d'eau présente dans l'atmosphère à un instant donné, pourrait former sur le sol une couche liquide d'environ 24 millimètres, représentant 24 litres sur chaque mètre carré. Et comme ce réservoir est alimenté continuellement par l'évaporation des océans, des lacs, des rivières, des glaciers, des sols et de la végétation, c'est une moyenne de 850 litres que l'on pourrait récupérer tous les ans sur chaque mètre carré de la planète.

Bien entendu, la vapeur d'eau atmosphérique est inégalement répartie dans les différentes régions du monde, mais c'est rarement son absence qui provoque les sécheresses. Ainsi les quantités présentes au-dessus d'un désert comme le Sahara sont bien plus importantes qu'au-dessus de la Norvège, et pourtant les précipitations y sont beaucoup plus rares et moins abondantes. Quels sont les phénomènes qui bloquent ou limitent la formation de la pluie ? Ne pourrait-on aider l'atmosphère à faire précipiter une partie de cette eau pour arroser les régions souffrant de fortes sécheresses ?

Les tentatives de modification du temps, en passant de Jules Verne au Schtroumpf faiseur de pluie

Depuis toujours, l'Homme souhaite imposer ses volontés à la Nature. Et c'est semble-t-il une histoire qui marche ! Pour s'en convaincre, il suffit de lire la presse : « *Malgré une forte grêle qui s'est abattue hier sur la région, la majeure partie des récoltes a pu être sauvée grâce à l'activation des brûleurs d'iodure d'argent [...]* », « *La Russie ne veut pas se laisser faire par les nuages. La veille du jour de la fête nationale, l'armée a largué des sacs de ciment et de l'iodure d'argent au-dessus de Moscou [...]* », « *Les chasseurs de nuages en embuscade pour contrôler la météo des JO [...]* », « *[...] il a fait beau pour l'ouverture des Jeux Olympiques, les nuages menaçants ayant été détournés de la capitale chinoise à coups de fusées* », « *Les spécialistes chinois du climat auraient utilisé des moyens chimiques pour créer une importante pluie artificielle sur Beijing. D'après le communiqué de presse, les Chinois auraient envoyé en l'air 163 bâtons d'iodure d'argent, chacun de la taille d'un paquet de cigarettes et auraient ainsi engendré la plus importante pluie de l'année sur Beijing, pour nettoyer la ville de la dernière tempête de sable et rendre l'air plus sain*», etc.

La réussite des tentatives de l'Homme, du moins avec les phénomènes qui lui paraissent familiers et le menacent directement, paraît incontestable ! D'ailleurs, l'Homme ne modifie-t-il pas le climat de la planète avec ses émissions de gaz carbonique ou la pollution de l'atmosphère et des océans ? Alors, modifier une chute de grêle ou un petit nuage, vous pensez ! Qui s'étonnerait de nos jours que l'Homme puisse agir sur son environnement ? Pour vous en convaincre, voyez les sommes colossales dépensées pour acheter les équipements (canons, avions, fusées, générateurs d'iodure d'argent…) et pour mener à bien des opérations.

Autre preuve de l'efficacité de telles opérations : dans les départements ou les régions voisines, de nombreux agriculteurs se plaignent d'une diminution de la pluviométrie qu'ils auraient observée : « *Depuis, que leur avion jette de la poudre dans les nuages, on a beaucoup moins de pluie. Nos champs sont secs, nos cultures souffrent. Les nuages sont vidés de leur eau avant d'arriver chez nous.* » Ce sujet est parfois une source de conflit. Certains proposent de légiférer contre les voleurs de nuages.

Dans la littérature, quelques propositions visent à modifier le climat régional de zones désertiques en développant la végétation ou en créant des lacs artificiels. D'autres suggèrent d'agir sur le climat de l'ensemble de la planète en piégeant le gaz carbonique pour limiter l'effet de serre ou en répartissant de la suie sur les régions polaires pour augmenter l'absorption du rayonnement solaire.

Tous les lecteurs de Jules Verne connaissent son extraordinaire talent pour imaginer un monde différent. Dans *L'étonnante aventure de la mission Barsac*, il envisage de fertiliser un désert en envoyant des ondes capables d'électriser l'eau des nuages jusqu'à ce qu'elle soit saturée et qu'elle précipite. Il suggère aussi déjà de développer les cultures et de faire pousser des arbres pour augmenter la fréquence des nuages et établir ainsi dans un lieu aride un régime de pluies régulières. Dans *Sens dessus dessous*, il évoque un projet encore beaucoup plus ambitieux qui consisterait à changer le climat de la Terre en faisant basculer les pôles !

Les saisons existent parce que l'axe de rotation de la Terre n'est pas perpendiculaire au plan de l'écliptique (plan sur lequel se déplace le centre de la Terre lors de sa trajectoire autour du Soleil). Le projet de Jules Verne était fondé sur la construction d'un gigantesque canon dont le recul aurait permis de faire basculer la Terre et de redresser son axe de rotation. Le canon fut construit, mais une erreur du savant fou, J. T. Maston, sur le calcul de l'angle de tir fit échouer le projet : les pôles ne basculèrent pas. Contrairement à ce que les promoteurs laissaient entendre, le but caché du programme n'était pas de créer un meilleur climat pour l'humanité, mais de faire fondre les glaces des pôles pour en exploiter les réserves minières. Cette fiction, imaginée en 1889, par un étrange paradoxe n'est pas loin d'aboutir, non pas que nous réussissions à redresser l'axe de rotation de la Terre, mais parce que nos émissions de gaz à effet de serre contribuent au réchauffement des pôles. La réalité défie la fiction et déjà les États limitrophes commencent à se quereller pour la possession des régions abandonnées par la fonte de la banquise arctique et les richesses de son sous-sol.

Plus récemment, dans le *Schtroumpfeur de pluie*[1], le Schtroumpf bricoleur invente une machine à schtroumpfer la pluie et le beau temps. Une invention extraordinaire jusqu'à ce que le petit peuple des schtroumpfs se dispute, qui voulant du soleil pour son pique-nique, qui de la pluie pour arroser ses salades. Et la machine maltraitée se détraque au point que les saisons se succèdent à toute allure et perturbent dramatiquement le développement de la végétation, mais aussi la vie des schtroumpfs et des animaux. Finalement, le Grand Schtroumpf ramène le calme grâce à un cerf-volant qui attire la foudre sur la machine et la pulvérise. Moralité, il n'est pas facile de jouer au petit malin avec la modification du temps. Faut-il pour autant ne rien faire, brûler toutes les machines, et laisser la Nature reprendre ses droits ? L'esprit scientifique et conquérant de l'Homme ne s'y résout pas.

Certaines démarches paraissent mieux adaptées que la machine à schtroumpfer le temps. Pour limiter les dégâts qu'occasionneraient les gaz à effet de serre sur le climat de la planète, de nombreuses études sont aujourd'hui en cours. Elles proposent par exemple de réduire la teneur de l'atmosphère en gaz carbonique en augmentant son absorption par le plancton ou en le piégeant dans certaines roches magmatiques, ou encore de le stocker au fond des océans, dans d'anciennes mines de charbon désaffectées ou dans des puits de pétrole taris. Toutefois, jusqu'ici, dans leur grande majorité, les opérations de modification volontaire du temps ont plutôt concerné les phénomènes de petite échelle : brouillards, nuages, et phénomènes associés tels la pluie ou la grêle.

Du magique à l'observation

L'histoire de la modification du temps marche de pair avec l'évolution de la pensée et des connaissances scientifiques, mais aussi avec la persistance des vieilles croyances et des superstitions.

Il fut un temps où le temps était affaire divine : bénédiction ou punition, selon l'humeur du dieu de la pluie, du vent, du tonnerre ou du grand dieu Soleil. L'Homme en bas si petit, si désemparé ne savait à quel saint se vouer car les dieux répondaient de tout. Ils faisaient la pluie, le vent, la foudre ou le tonnerre. Pour leur plaire, l'Homme était prêt à toutes les prières, à tous les sacrifices. Les Égyptiens faisaient des offrandes. Les Aztèques sacrifiaient leurs enfants aux dieux Tlaloques et à la déesse Matlalcueilt, jusqu'à ce que tombent les premières pluies. Le sang ruisselant lors des fêtes religieuses promettait en échange l'eau que les dieux allaient offrir. Le sang coulait « *pour le plaisir mystérieux des dieux qui avaient créé le monde [...] pour que ne cesse pas l'équilibre du cosmos, pour que revienne le soleil, pour que soient donnés le feu, l'eau, le maïs»*, écrit Jean-Marie Le Clézio[2].

Pour éloigner la grêle et les orages, dans notre vieille France, on sonnait les cloches des églises et on plantait dans les champs de hautes perches surmontées de parchemins portant des caractères magiques. Jusqu'à ce qu'un capitulaire de Charlemagne proscrive ces pratiques superstitieuses.

Se dirigeait-on vers plus de rationnel ? Il était encore trop tôt et les usages reprirent le dessus. Au XVIIe siècle, une prière fut même autorisée par le pape Urbain VIII pour consacrer les cloches : « *Permettez oh ! mon Dieu, que le son de cette cloche puisse éloigner les orages malfaisants, la grêle et les vents violents, et que l'esprit du Diable, qui habite les airs, puisse par votre Toute Puissance être terrassé*»[3]. Les hommes attribuaient aux dieux une telle influence protectrice que rien ne pouvait arrêter le processus, ni les interdictions des autorités, ni le nombre de foudroiements, ni le danger présenté pour les sonneurs de cloche. Les Mémoires de l'Académie des sciences rapportent : « *Le 15 mai 1703, il tomba aux environs d'Illiers, dans le Perche, une grêle aussi forte qu'abondante : la moindre était grosse comme les deux pouces ; la plus grosse était comme le poing et pesait 5 quarterons ; la moyenne était de la grosseur des œufs et en grande quantité. Il en tomba en plusieurs endroits de la hauteur d'un pied ; il y eut trente paroisses dont les blés furent coupés comme si on y eût passé la faucille. Les habitants d'Illiers, prévoyant ce ravage, eurent recours à leurs cloches, qu'ils sonnèrent avec tant de vigueur, que la nuée se fendit au-dessus de leur territoire en deux parties, qui s'écartèrent chacune de leur côté, en sorte que cette seule paroisse au milieu de trente autres qui n'avaient pas de si bonnes cloches ne fut presque pas endommagée.* »[4]

Mais l'Homme est bon observateur. Après avoir passé en revue les formules magiques, il comprend et analyse les phénomènes qu'il redoute. Peu à peu, les pouvoirs des dieux s'amenuisent ! L'idée de l'intervention de Dieu dans les choses du quotidien est remise en question. La démarche scientifique peut se développer : l'Homme passe de l'observation à l'expérimentation et tire profit des lois de la physique, il veut agir directement sur les phénomènes qui le menacent. Le reste n'est plus que croyance et sorcellerie, disent les plus érudits. Restent alors à réguler ces pluies insoumises, ces vents fantasques, ces foudroiements, ces sécheresses soudaines.

Quand l'Homme ose s'attaquer directement aux phénomènes météorologiques redoutés, ses armes sont d'abord celles utilisées dans les combats : si les hommes préhistoriques devaient jeter des pierres vers les nuages menaçants, Hérodote rapporte que les Thraces leur lançaient des flèches *« pour les menacer et faire cesser les bouleversements atmosphériques »*. À certaines époques, tout comme les cloches, les armes sont utilisées contre le Diable qui habite les orages. Puis, considérant les nuages comme des outres que l'on pourrait percer, on leur tira dessus pour tenter de les crever et les obliger ainsi à libérer les pluies bienfaitrices destinées à arroser les cultures. La même méthode fut aussi utilisée pour essayer de les détruire avant qu'ils ne produisent de la grêle ou des foudroiements. Après les arcs, on utilisera des arbalètes, puis des fusils, et plus récemment des canons et des fusées. En 1527, Bienvenuto Cellini aurait préservé Rome de la grêle grâce à un tir d'artillerie soutenu contre les orages.

L'utilisation des armes à feu n'était pas sans danger et le remède souvent plus dangereux que le mal. Au XVIIe siècle, l'Empereur Joseph II dut même en interdire l'usage en raison du grand nombre d'accidents que cela provoquait en Bavière chez les artilleurs improvisés.

Parce que la menace du ciel est souvent accompagnée du tonnerre, l'Homme a naturellement pensé utiliser le bruit comme une arme pour répondre à son agresseur (combattre le mal par le mal). Pour faire croire qu'il n'était pas effrayé, puis chercher à l'intimider, comme on peut l'observer dans un face à face entre deux bêtes fauves. L'idée de l'importance du bruit a été renforcée par la perception d'une fréquente corrélation entre le déroulement des batailles guerrières et l'apparition de fortes précipitations.

Le feu a aussi été une arme contre l'ennemi. Au début du XVIIIe siècle, en Romagne, les paysans allumaient des tas de paille répartis sur des distances de plusieurs kilomètres pour faire fuir la grêle. Cette dernière était alors réputée épargner leur région mais ravager le voisinage[5].

On songea rapidement à l'utiliser le paratonnerre pour tenter de vider les nuages de leur énergie électrique, en espérant ainsi les empêcher de produire de la grêle. À la fin du XVIIIe siècle, Guéneau de Montbéliard propose de couvrir les champs d'un grand nombre de paratonnerres. On pensait alors que leur multiplication sur la surface entière de la France pourrait éradiquer ce fléau. En 1822, Thollard rapporte que les communes autour de Tarbes qui, pendant sept années consécutives avaient souffert de la grêle, furent protégées au moyen de piquets en bois munis d'une pointe en laiton et reliés au sol par une corde faite de chanvre et de paille. L'engouement fut tel qu'en 1825 on en comptait plus d'un million d'exemplaires répartis sur la France, la Suisse, l'Italie, l'Autriche, la Bavière et les bords du Rhin[6]. On sait aujourd'hui que, dans les nuages, les charges électriques sont produites par les précipitations et qu'elles ont peu d'effet sur la formation de ces dernières. Les énergies électriques des nuages d'orages et des éclairs, aussi impressionnantes soient-elles, sont dérisoires par rapport aux énergies thermiques et mécaniques qui s'y développent. Il est donc illusoire de vouloir provoquer la pluie ou de réduire les précipitations de grêle en tentant d'intervenir sur le potentiel électrique des nuages.

En fait, l'histoire moderne de la modification artificielle du temps a commencé à la fin du XIXe siècle. Elle s'est développée avec la compréhension des processus de formation des nuages et des précipitations. Ses tentatives et ses résultats font l'objet des chapitres suivants.

Pour analyser et diffuser les activités menées dans le domaine de la modification artificielle du temps, l'Organisation météorologique mondiale (OMM) organise, tous les quatre ans, une conférence internationale sur la recherche en modification artificielle du temps à laquelle les opérateurs et les scientifiques spécialisés sont invités à présenter leurs travaux. Un bilan des opérations recensées par les Services météorologiques nationaux des 183 États membres est effectué depuis de nombreuses années. Sur la période 1984-2006, le « Registre des projets de modification artificielle du temps » comporte ainsi une moyenne de 68 programmes dont la majeure partie a été menée aux États-Unis, en Chine et dans les pays de l'ex-URSS. Environ 61 % concernent l'augmentation ou la redistribution des précipitations, 35 % visent à supprimer ou réduire les précipitations de grêle, et 4 % concernent la dissipation des brouillards[7].

D'après des inventaires réalisés de façon indépendante, beaucoup de projets (surtout les plus petits et ceux fonctionnant en absence de contrôle scientifique) échappent à ce recensement. Si bien que le nombre total d'opérations serait proche de deux cents.

Des moyens importants, des objectifs pas toujours très pacifiques

Les moyens déployés sont parfois considérables. On a pu s'en rendre compte lors des Jeux olympiques de Pékin, en 2008, quand la Chine a mis en œuvre des moyens exceptionnels pour tenter d'empêcher la pluie de gâcher cette grande fête. Dans ce pays, le bureau de modification artificielle du temps disposerait de 30 avions, 4 000 lance-roquettes, 7 000 pièces d'artillerie antiaérienne et serait capable de mobiliser près de 37 000 personnes pour limiter la pluie ou, au contraire, lutter contre la sécheresse.

Ces tentatives menées pour contrôler les nuages et les précipitations ont le plus souvent un objectif humanitaire. Elles peuvent aussi parfois avoir des objectifs moins pacifiques et être utilisées comme des armes tactiques visant à détruire les récoltes, à limiter les ressources en eau d'une région rivale, ou à embourber les troupes ennemies pour réduire leur vitesse de déploiement. Pendant la guerre d'Indochine, les militaires français ont ainsi envisagé de provoquer des pluies artificielles pour gêner la circulation des camions sur l'axe logistique vietminh[8]. Dans un article paru le 3 juillet 1972 dans *The New York Times* (« Rainmaking Is Used As Weapon by U.S. »), Seymour Hersh révèle qu'à partir de 1963 les États-Unis ont secrètement ensemencé les nuages sur le Vietnam et le Laos pour augmenter les précipitations et tenter de limiter ainsi l'infiltration des troupes nord-vietnamiennes. La formation de brouillards a aussi été envisagée pour réduire la visibilité et dissimuler des navires de guerre ou des moyens logistiques[9]. Ces tentatives de modification du climat à des fins militaires sont interdites par une résolution des Nations unies du 10 décembre 1976, entrée en vigueur le 5 octobre 1978. Malgré cet accord, toutes les velléités d'utiliser la modification artificielle du temps en cas de conflit ne sont pas éteintes. Ainsi, par exemple, une étude présentée en 1996 à l'Académie de *l'US Air Force*, sous le titre « Weather as a force multiplier : Owning the weather in 2025 » (Le temps comme multiplicateur de force : maîtriser le temps en 2025[10]) examine les concepts, capacités et technologies dont les États-Unis auraient besoin pour rester la puissance dominante dans le domaine de l'air et de l'espace. On y trouve en particulier des références aux méthodes d'ensemencement destinées à produire des nuages ou des brouillards pour faciliter le camouflage, à augmenter les précipitations pour gêner le déplacement de l'ennemi, à supprimer la pluie pour provoquer la sécheresse, ou à déclencher la foudre.

Des résultats qui restent à valider

Pourtant, malgré les constats que nous venons d'énumérer, le bien-fondé et l'efficacité des opérations mises en place sont encore controversés. Les contrôles scientifiques ne permettent pas toujours de les valider, ni d'expliquer scientifiquement les résultats annoncés par les opérateurs.

Pourquoi une telle divergence entre l'enthousiasme parfois débordant des uns et le scepticisme des autres ? Avons-nous affaire à des opérateurs trop optimistes ou à des scientifiques inefficaces et timorés ?

En fait, les objectifs de la modification artificielle du temps se heurtent à une problématique sérieuse : l'énergie des systèmes météorologiques est considérable. Celle qui entre en action en moins d'une heure, dans un cumulonimbus générateur de grêle, permettrait (si elle était récupérable) d'alimenter la France en énergie domestique pendant plus d'une semaine. La puissance associée peut dépasser 20 000 milliards de watts soit près de 200 fois la puissance fournie par l'ensemble des centrales électriques installées sur le territoire français. Aussi est-il impensable de modifier un tel système en s'opposant directement aux énergies mises en jeu. Dans la plupart des projets, on a plutôt cherché à agir à des endroits où pourrait régner un équilibre instable tel qu'une faible perturbation modifie fortement l'évolution naturelle. L'histoire moderne de la modification artificielle du temps a commencé avec les études entreprises, il y a environ un siècle, sur les mécanismes de formation et de croissance des gouttelettes et des cristaux de glace dans les nuages. C'est sur ces mécanismes que tente d'agir la majeure partie des opérations actuelles.

On est en droit de se demander si tous ces produits chimiques, tous ces polluants qui sont envoyés dans les nuages pour les transformer ne sont pas dangereux pour notre santé ou celle des animaux et des végétaux. Les opérations qui prélèveraient l'eau des nuages au profit de certaines régions, ne provoqueraient-elles pas des sécheresses dans les régions voisines, les privant de l'eau que la nature devait leur attribuer et perturbant ainsi l'équilibre naturel ?

Ce livre propose une réflexion sur les activités qui ont été menées à travers les âges dans le domaine de la modification artificielle du temps en ignorant la plupart des méthodes qui ne sont pas fondées sur des mécanismes réalistes tenant compte du comportement réel de l'atmosphère, de la structure des nuages et des énergies mises en jeu. Quitte à décevoir les candides, il présente les résultats actuels des recherches effectuées dans le domaine et explique le fossé qui sépare les conclusions d'entrepreneurs enthousiastes et celles de scientifiques mettant en place des méthodes objectives d'analyse des opérations et de leurs résultats.

Il s'adresse à tous ceux qui, pour protéger leurs récoltes ou combattre la sécheresse, doivent décider d'utiliser ou non des méthodes d'ensemencement des nuages, aux décideurs qui veulent savoir s'ils doivent cautionner le développement et le financement de telles méthodes, et à tous les curieux qui veulent comprendre le comportement des nuages ou les enjeux et les résultats des opérations visant à les modifier pour faire la pluie ou le beau temps.

Après avoir rappelé l'importance des phénomènes météorologiques sur les activités humaines, les besoins en eau et les avantages que l'on pourrait tirer d'opérations permettant de modifier le temps de façon contrôlée, nous verrons dans le chapitre 1 les mécanismes qui gouvernent la formation des précipitations et sur lesquels tentent d'agir les opérations de modification artificielle du temps. Les chapitres suivants relateront les méthodes employées pour tenter de dissiper les nuages ou les brouillards (chapitre 2), récupérer l'eau des nuages (chapitre 3), réduire les précipitations de grêle ou supprimer les éclairs (chapitre 4) ou encore détourner les cyclones (chapitre 5). Dans le chapitre 6, nous verrons comment certains opérateurs cherchent à refroidir la planète et à dompter le climat. L'épilogue présente un bilan et quelques perspectives.

Chapitre 1

Comment se forment les précipitations ?

Tous les experts ne s'accordent pas forcément sur les événements porteurs, ni sur la date, mais pour moi l'histoire moderne de la modification artificielle du temps commence aux environs de 1875, lorsque le Français P.J. Coulier mit en évidence le rôle des aérosols (ou poussières en suspension) sur la formation des nuages[1]. Elle a franchi une autre étape majeure quand, en 1900, on a observé que certains nuages pouvaient contenir des gouttelettes d'eau à l'état liquide malgré des températures très inférieures à 0 °C. Enfin, en 1911, le météorologue allemand Alfred Wegener a suggéré que la présence simultanée de vapeur, d'eau liquide et des cristaux de glace accélérait fortement la croissance de cristaux[2]. Les premiers résultats concrets ont été obtenus en 1946 sur des nuages stratiformes peu épais. Mais voyons tout d'abord comment se forment ces fameux nuages.

La formation des nuages et des brouillards

Dans une pièce humide, par exemple une salle de bains, il est fréquent de voir la vapeur d'eau se condenser sous forme de buée sur des objets froids comme les miroirs ou sur les vitres des fenêtres. Quand ces objets sont vraiment très froids, du givre peut apparaître.

Dans l'atmosphère, plusieurs processus peuvent entraîner un refroidissement suffisant pour condenser la vapeur d'eau présente dans l'air : contact avec un sol froid, mélange de l'air humide avec de l'air plus froid, refroidissement par détente (ou chute de pression), etc. Le refroidissement par détente peut être observé à de multiples occasions, c'est lui qui abaisse fortement la température d'un gaz sortant d'une bonbonne ou d'un flacon dans lequel il était fortement comprimé. En arrivant à l'air libre, où la pression est moins forte que dans le flacon, il se détend et se refroidit. Le même processus intervient dans l'atmosphère lorsque de l'air humide est soulevé et rencontre, à mesure qu'il monte, des pressions de plus en plus faibles.

Lorsque le refroidissement se produit près de la surface terrestre, une partie de la vapeur se condense sur le sol ou sur les objets environnants et forme de la rosée ou du givre ; mais en altitude, où la vapeur ne rencontre pas de tels objets, comment le processus de condensation peut-il démarrer ?

Le rôle majeur joué par les poussières en suspension

En 1875, P.J. Coulier a compris que dans l'atmosphère certains aérosols jouaient le même rôle que les miroirs ou les vitres dans une salle de bains. Ainsi, les aérosols qui permettent la formation (ou nucléation) de gouttelettes ont été appelés « noyaux de condensation », ceux qui permettent la formation de cristaux de glace sont nommés « noyaux de condensation solide » ou « noyaux glaçogènes ».

Un peu plus tard, J. Aitken met en évidence des différences de comportement associées à la taille et à la composition des aérosols[3,4]. Pour la condensation, il distingue en particulier les particules hydrophobes (que l'eau ne mouille pas), des particules hygroscopiques (qui absorbent l'humidité). C'est ainsi que la présence de particules salines hygroscopiques (comme le chlorure de sodium), éjectées dans l'atmosphère avec les embruns de l'océan, explique pourquoi le comportement des nuages venant des océans diffère de celui des nuages qui se développent au-dessus des continents.

Comme l'atmosphère est très riche en aérosols[5] susceptibles de faciliter la formation de gouttelettes dans les nuages et les brouillards, celles-ci sont très nombreuses. On en dénombre généralement entre 200 et 4 000 dans chaque cm^3 (volume à peine plus grand qu'un dé à coudre). Elles se partagent l'eau disponible et comme leur durée de vie dépasse rarement quelques dizaines de minutes, elles ont peu de temps pour grossir. Le diamètre de ces gouttelettes est de l'ordre de 10 à 20 micromètres (il faudrait en aligner 50 côte à côte pour couvrir une longueur d'un millimètre) et elles sont si légères que leur vitesse de chute ne dépasse pas quelques centimètres par seconde. Si elles sortent des nuages, elles s'évaporent rapidement, bien avant d'atteindre le sol. De la même façon, dans les nuages composés de nombreux cristaux de glace (quelques centaines par cm^3), la concurrence pour accaparer l'eau disponible est sévère. La croissance par condensation solide est alors, elle aussi, lente et insuffisante pour assurer la formation de gros cristaux de glace. Ainsi, la seule présence de nuages ne suffit pas à expliquer la formation de précipitations.

Lorsque des précipitations sont observées au sol, les particules qui les composent sont beaucoup plus grosses que celles composant les nuages. Elles peuvent atteindre quelques millimètres pour les gouttes de pluie, quelques centimètres pour les plus gros flocons de neige et plus d'une dizaine de centimètres pour les plus gros grêlons. Elles sont par contre beaucoup moins nombreuses, à peu près un million de fois moins abondantes que les gouttelettes d'eau ou les cristaux de glace qui composent les nuages. On en compte rarement plus d'une dizaine dans chaque dm^3 (volume équivalent à un litre).

La formation des précipitations

Quels sont les mécanismes qui permettent à de minuscules gouttelettes ou à de petits cristaux présents dans les nuages de grossir jusqu'à atteindre une taille de quelques millimètres ou quelques centimètres et de voir ainsi leur diamètre multiplié par 100, leur volume et leur masse multipliés par un million ? Pourquoi ces mécanismes sont-ils si souvent absents ou inefficaces comme on peut l'observer dans les nombreux nuages qui se développent sans être capables de fournir la moindre pluie ou la moindre chute de neige ?

La collection : un mécanisme de croissance

Un mécanisme de croissance qui explique, au moins en partie, la formation des précipitations est la collection. En tombant, une goutte d'eau peut rencontrer des gouttes plus petites qui tombent moins vite et les englober pour former une goutte unique, plus grosse. C'est la coalescence. Lorsqu'il s'agit de cristaux de glace qui se rencontrent pour former un flocon de neige, on parle d'agrégation. L'agglomérat qui résulte de ces collisions (goutte ou flocon de neige) est une particule plus grosse tombant plus vite et pouvant atteindre rapidement le sol. Cette différence de vitesse de chute entre petites et grosses particules n'est pas contradictoire avec la loi de chute des corps de Galilée, qui stipule que la vitesse de chute ne dépend pas de la masse, lorsqu'on se trouve dans le vide. Dans l'atmosphère, cette vitesse est influencée par la friction exercée par l'air et les grosses particules qui, relativement à leurs masses respectives, subissent moins de frottements que les particules plus petites, tombent plus vite que ces dernières.

Mais si la collection est efficace pour les grosses particules (de diamètres supérieurs à 0,1 mm), elle a du mal à démarrer tant que les particules sont de petite dimension. En effet, très légères, ces dernières tombent lentement et les collisions sont rares. Leur tendance à suivre les filets d'air leur fait éviter les contacts avec les grosses particules, un peu comme les feuilles ou les plumes qui flottent dans l'air évitent le plus souvent l'impact avec les véhicules automobiles qui viennent à leur rencontre.

Ainsi, les nuages composés uniquement de minuscules gouttelettes ou de petits cristaux de glace se trouvent dans un état de quasi-équilibre qui persistera tant qu'une partie de ces particules n'aura pas réussi à atteindre une taille suffisante pour que la collection démarre et permette la formation de précipitations.

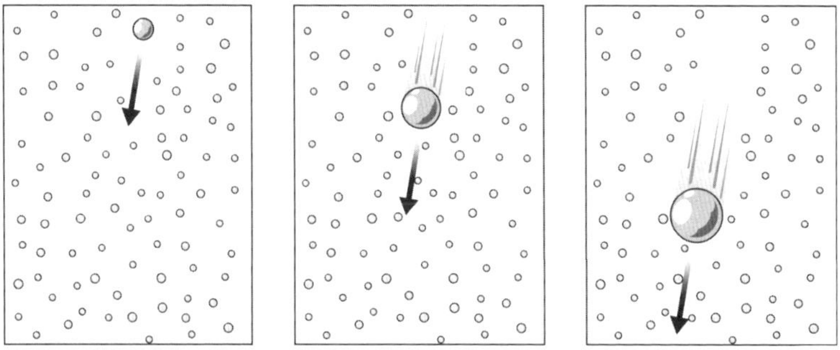

Croissance d'une goutte d'eau par collection de gouttelettes de nuage.

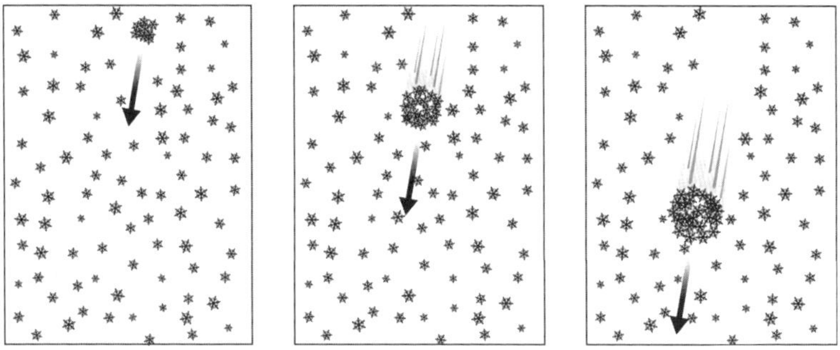

Croissance de flocons de neige par agrégation de cristaux de glace.

Des gouttelettes d'eau liquide surfondue malgré des températures inférieures à – 30 °C ?

Une avancée importante dans la recherche de processus permettant aux particules de nuage de grossir suffisamment, date de 1900 environ : des observations mirent alors en évidence que des gouttelettes d'eau pouvaient rester surfondues dans les nuages malgré des températures bien inférieures à 0 °C. C'était la mise en évidence de la surfusion. On constate ainsi que 0 °C n'est pas la température de congélation de l'eau (comme on l'apprend dans certains livres de physique), mais la température d'équilibre entre l'eau liquide et la glace, ou encore la température de fusion (ou de fonte) de la glace. La congélation de l'eau se produit aux environs de – 40 °C, à moins que l'eau surfondue (c'est-à-dire dont la température est comprise entre 0 °C et – 40 °C) ne soit en contact avec un « noyau de congélation », c'est-à-dire un corps étranger pouvant servir de support à la formation de cristaux de glace. Une forte agitation du liquide peut donner le même résultat. Tant que la température est supérieure à – 40 °C, les molécules d'eau liquide ont du mal à s'organiser selon la disposition moléculaire propre à la glace, mais elles peuvent être aidées dans cette tentative par un corps étranger et ce dernier sera d'autant plus efficace que sa structure ressemblera à celle de la glace : une structure cristallographique hexagonale plane. Plus la température est proche de – 40 °C, moins la similarité des organisations moléculaires est nécessaire ; le nombre d'aérosols capables d'agir en tant que noyaux de congélation est alors beaucoup plus important. En moyenne dans l'atmosphère, on trouve 100 000 fois plus de noyaux de congélation à – 40 °C qu'à – 20 °C. De ce fait, les gouttelettes d'eau à l'état de surfusion sont le plus fréquemment observées dans les régions dont la température est comprise entre 0 °C et – 15 ou – 20 °C, où les noyaux de congélation sont rares.

La surfusion est souvent méconnue du public car elle n'est pas fréquente dans les grands volumes liquides (flaques d'eau, lacs…) où les nombreuses impuretés déclenchent la congélation dès que la température descend très légèrement en dessous de 0 °C. Une fois démarré sur une impureté, le processus de congélation s'étend rapidement à toute la surface liquide. Pour illustrer ce phénomène, dans *L'heure de s'enivrer*[6], l'astronome Hubert Reeves reprend la triste histoire des Chevaux du lac de Ladoga racontée par l'écrivain italien Curzio Malaparte, en 1943 dans *Kaputt*[7]. Pour échapper à un incendie de forêt, près d'un millier de chevaux se seraient précipités dans le lac d'eau froide et auraient été retrouvés morts, le lendemain, pris dans un carcan de glace. Reeves explique que le lac avait dû rester calme suffisamment longtemps pour que les impuretés se déposent et que l'eau reste liquide malgré une température négative. Le contact de cette eau pure avec le poil fin des crinières et les poussières qu'elles renfermaient (ou peut-être le remous provoqué par les chevaux) auraient alors suffi à déclencher une congélation si rapide qu'aucune bête n'en réchappa.

Si, dans les lacs, la surfusion à basse température reste un phénomène exceptionnel, elle est plus fréquente dans l'atmosphère où, par rapport à une grande flaque d'eau, la probabilité que les petites gouttes rencontrent un noyau de congélation est plus faible. Ce déficit en noyaux de congélation est illustré par l'observation fréquente de givrage sur les avions dont les ailes et le fuselage servent alors de supports à la congélation des gouttes surfondues.

Des conditions qui permettent la croissance rapide des cristaux de glace

Pour expliquer la croissance rapide des cristaux de glace, en 1911, Alfred Wegener suggère que la présence simultanée de vapeur, d'eau liquide et de glace pourrait accélérer fortement la croissance de cette dernière. Dans son livre de *Thermodynamique de l'atmosphère*[8], il décrit pour la première fois les mécanismes associés.

Plus tard, l'importance de ce phénomène dans l'atmosphère est mise en évidence par G. Guilbert[9] (1921) et C. Dauzère[10] (1930), qui observent qu'en métropole, les pluies importantes n'apparaissent qu'après glaciation de la partie supérieure des nuages.

T. Bergeron et W. Findeisen montrent alors que la condensation solide est particulièrement efficace lorsque quelques cristaux sont entourés d'une multitude de gouttelettes d'eau liquide surfondue. Dans ce cas, l'eau des gouttelettes est transférée vers les cristaux de glace par l'intermédiaire de la vapeur. Si les cristaux sont peu nombreux à profiter de l'aubaine, ils peuvent alors atteindre rapidement des tailles de plusieurs millimètres. Ce mécanisme est d'autant plus efficace que la température est basse. Il est connu sous le nom d'« effet Bergeron » (voir l'encadré plus loin).

En conclusion, si la condensation est un mécanisme peu efficace pour assurer la croissance des gouttelettes d'eau liquide, la condensation solide peut être très rapide lorsqu'un petit nombre de cristaux de glace se retrouvent au milieu d'une multitude de gouttelettes d'eau liquide surfondue. En revanche, elle reste inopérante en absence totale de cristaux de glace et peu efficace en présence d'un trop grand nombre.

La pluie, la neige, la neige roulée, le grésil, la grêle

À partir du moment où des cristaux de glace assez gros se sont formés, ils peuvent collecter d'autres particules dans leur chute et atteindre une taille suffisante pour expliquer la formation de précipitations. C'est ainsi, par exemple que se forment les flocons de neige par agrégation d'autres cristaux.

Si des cristaux de glace ou les flocons de neige rencontrent des gouttelettes d'eau liquide surfondue, ces dernières se congèlent à l'impact sous forme de givre. C'est le phénomène d'accrétion (ou collection de gouttelettes d'eau surfondue par des particules de glace). Il en résulte la formation de particules de neige roulée (ou *graupel*) ou de grésil, dénommées « grêlons » lorsque leur diamètre dépasse 5 millimètres. Ces particules peuvent être constituées entièrement de glace claire ou de glace opaque, ou d'une série de couches alternativement claires ou opaques[11]. Lorsque la congélation des gouttelettes est rapide, l'air contenu dans l'eau n'a pas le temps de s'échapper et forme des bulles d'air piégées qui rendent la glace opaque, comme on peut l'observer sur les particules coniques de neige roulée qui sont souvent associées aux giboulées de mars. Lorsque la congélation des gouttelettes est lente, l'air a le temps de s'échapper et la glace qui se forme est transparente, comme dans les particules de grésil.

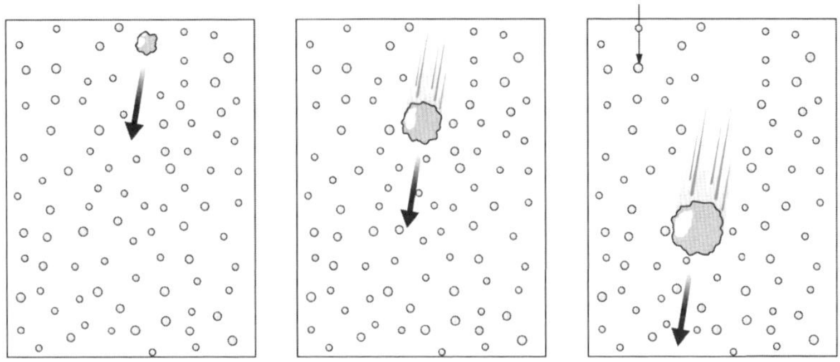

La croissance des particules de neige roulée ou de grésil par accrétion de gouttelettes d'eau surfondue.

Si ces particules de glace (flocons, neige roulée, grésil ou grêle) tombent dans des régions où la température est supérieure à 0 °C, elles se mettent à fondre et peuvent atteindre le sol sous forme de pluie. Ce processus explique ainsi les observations de G. Guilbert et C. Dauzère sur la corrélation entre pluies importantes et glaciation des nuages. L'efficacité des processus de Bergeron (voir l'encadré) et de collection par agrégation et accrétion est telle qu'on a longtemps pensé que c'étaient les seuls mécanismes capables d'engendrer la pluie, au moins dans les régions tempérées.

De la pluie est cependant régulièrement produite, en particulier sous les tropiques, par des « nuages chauds » totalement situés à des températures supérieures à 0 °C. Ces observations indiquent que dans des conditions où la glace est absente, la combinaison des processus de condensation et de collection peut être suffisante pour permettre la croissance des gouttelettes et la formation de gouttes de pluie.

Ainsi, la collection est un processus de croissance qui devient efficace dès que des particules suffisamment grosses ont pu se former. Pour agir sur la formation de précipitations, les opérateurs chercheront donc à créer des particules de taille suffisante pour favoriser les collisions chaque fois que les processus naturels de condensation ou de condensation solide seront jugés inopérants.

L'effet Bergeron

Dans l'atmosphère, les gouttelettes d'eau liquide et des cristaux de glace échangent en permanence des molécules avec la vapeur d'eau qui les entoure. Par faible humidité, les échanges se font au profit de la vapeur qui gagne plus de molécules qu'elle n'en perd; les gouttes et les cristaux s'évaporent. Au contraire, par forte humidité, ces derniers se développent.

La sursaturation est une mesure des possibilités de gain en molécules de vapeur. Ces possibilités étant différentes pour la glace et pour l'eau liquide, on parle de sursaturation par rapport à la glace et de sursaturation par rapport à l'eau liquide. Lorsque des cristaux de glace (ou des gouttes) se sont formé(e)s, ils (elles) grossissent par condensation solide (ou par condensation) à des vitesses qui dépendent de ces valeurs. À saturation (ou sursaturation nulle), il y a équilibre, la croissance est nulle.

Ainsi, un milieu nuageux contenant de nombreuses gouttelettes qui ont du mal à grossir ou à s'évaporer est dans un état de quasi-équilibre liquide-vapeur. La vapeur d'eau y est proche de la saturation par rapport à l'eau liquide.

Si la température est inférieure à 0 °C, une vapeur juste saturée par rapport à l'eau liquide peut être fortement sursaturée par rapport à la glace (+ 10 % à - 10 °C, + 21 % à - 20 °C), ce qui favorise une croissance rapide des cristaux présents. Les molécules, qui disparaissent de la vapeur pour alimenter les cristaux, font baisser l'humidité. Si bien que la vapeur devient sous-saturée par rapport à l'eau liquide. Immédiatement des gouttes s'évaporent en partie pour fournir des molécules qui vont remplacer celles perdues par la vapeur. Elles tentent ainsi de maintenir l'équilibre entre liquide et vapeur et assurent par là même l'entretien d'une forte sursaturation par rapport à la glace.

Dans un tel milieu favorable, les cristaux de glace peuvent donc grossir rapidement jusqu'à ce que toutes les gouttelettes soient évaporées ou jusqu'à tomber du nuage une fois qu'ils sont devenus suffisamment gros.

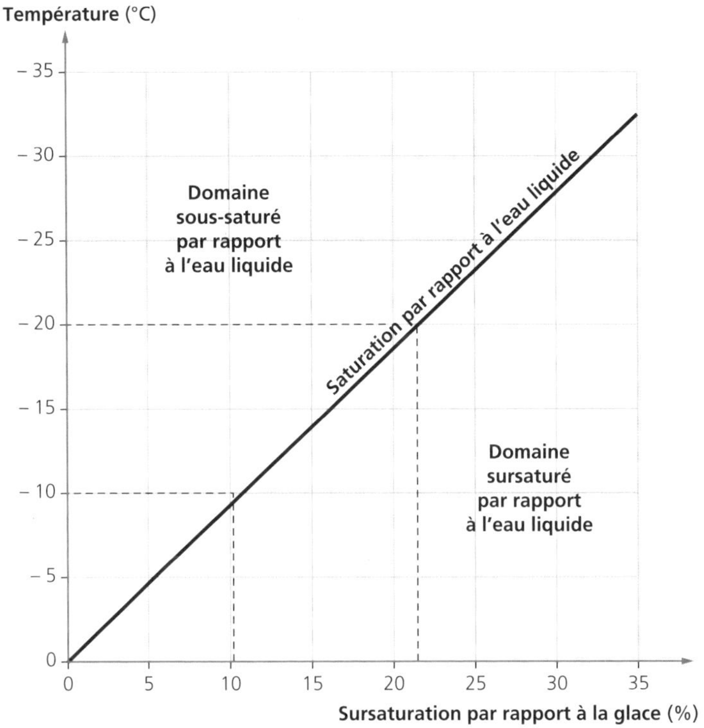

Sous 0 °C, lorsque l'air est saturé par rapport à l'eau liquide, il est sursaturé par rapport à la glace et la valeur de cette sursaturation (ici représentée en pourcents) augmente quand la température diminue.

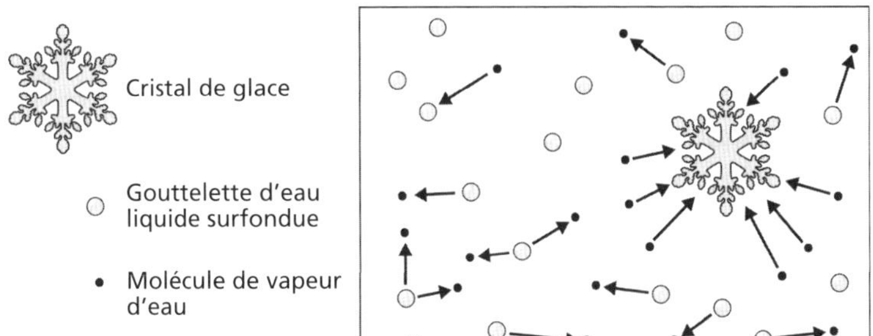

Effet Bergeron. En présence de gouttelettes d'eau liquide, l'air est sursaturé par rapport à la glace. Les particules de glace grossissent rapidement par condensation solide aux dépens de la vapeur pendant que les gouttelettes s'évaporent en partie et maintiennent la vapeur saturée.

Pour conclure sur la formation des précipitations

La croissance de particules d'eau liquide ou de glace fait intervenir deux mécanismes :

– Les changements de phase de l'eau qui transforment la vapeur en liquide (la condensation), la vapeur en glace (condensation solide) ou le liquide en solide (solidification ou congélation).

– La collection ou assemblage après collision de plusieurs particules qui peuvent ainsi former un agglomérat de plus grosse taille. On dénomme cette collection «coalescence» lorsqu'il s'agit de l'assemblage de gouttelettes pour former une goutte plus grosse, «agrégation» lorsque des cristaux de glace forment un flocon de neige et «accrétion» lorsqu'une particule de glace collecte des gouttelettes d'eau surfondue pour former une particule de neige roulée, de grésil ou de grêle.

Si en tombant les particules de glace rencontrent des régions où la température est supérieure à 0 °C, elles peuvent fondre et atteindre le sol sous forme de pluie.

Des hypothèses scientifiques aux opérations de modification artificielle du temps

Les techniques modernes de modification artificielle des nuages et des précipitations ont réellement démarré lorsqu'il fût mis en évidence que les gouttelettes en surfusion se transformaient en glace quand elles étaient fortement refroidies par un agent réfrigérant comme la neige carbonique, ou quand elles entraient en contact avec des noyaux glaçogènes artificiels comme l'iodure d'argent.

Les méthodes qui ont alors été mises au point ne sont donc applicables que si la température dans le nuage est inférieure à 0 °C et si les gouttelettes d'eau liquide y abondent. Elles ne sont pas adaptées aux brouillards et aux nuages entièrement situés à des altitudes où la température est positive et que nous désignerons respectivement par « brouillards chauds » et « nuages chauds ». Dans ce cas, nous verrons que les opérations de modification ont surtout tenté de favoriser la coalescence en générant de grosses gouttes par pulvérisation d'eau ou de particules hygroscopiques aptes à absorber une partie de l'humidité ambiante.

Stimulation de la congélation des gouttelettes d'eau liquide surfondue

En 1938, W. Findeisen[12] suggère d'ensemencer les nuages comportant de nombreuses gouttes d'eau liquide à l'état de surfusion pour en congeler quelques unes et enclencher l'effet Bergeron. Mais, à cette époque, on n'avait, semble-t-il, encore aucune idée précise sur les matières susceptibles de déclencher un tel mécanisme.

En 1946, aux États-Unis, à la *General Electric*, V.J. Schaefer menait des études sur les conditions et les caractéristiques associées au givrage des avions. Après avoir soufflé de l'air chaud et humide dans un petit congélateur, il put constater que, malgré une température de l'ordre de – 23 °C, les brouillards formés étaient uniquement composés de gouttelettes d'eau liquide. Vous pouvez très simplement reproduire cette expérience en soufflant l'air contenu dans vos poumons à l'intérieur d'un congélateur ou au grand air l'hiver lorsqu'il fait très froid. Le panache opaque, qui se produit, est un brouillard de minuscules gouttelettes d'eau diffusant la lumière. Il est assez rare de voir apparaître des cristaux de glace.

Schaefer tenta de provoquer la congélation des gouttelettes en utilisant diverses substances, sans grand succès jusqu'au jour particulièrement chaud de l'été 1946, où il voulut alléger la tâche du congélateur en introduisant un bloc de carboglace (ou neige carbonique). Il constata alors que les brouillards scintillaient de milliers de petits éclats caractéristiques de la présence de minuscules cristaux de glace[13, 14]. Le très fort refroidissement provoqué par la carboglace avait entraîné la congélation des gouttelettes du brouillard. Dans les conditions atmosphériques, cette substance se sublime (passage de l'état solide à l'état gazeux) à une température de – 78 °C.

Schaefer[15] (1948b) décida de tester la méthode, en vraie grandeur, dans un stratus (nuage étalé en voile mince, ressemblant à un brouillard ne touchant pas le sol) composé d'eau liquide surfondue. Il dispersa environ un kilogramme de carboglace à partir d'un avion volant au-dessus du nuage. Au bout de cinq minutes, le long de la trajectoire du vol, il put observer une dissipation partielle du nuage, accompagnée d'une précipitation de neige s'évaporant quelques centaines de mètres plus bas. Il en déduisit que ces précipitations résultaient d'une croissance rapide des cristaux de glace produits en présence de gouttelettes surfondues (selon l'effet Bergeron). Les quantités précipitées étaient faibles et aucune précipitation ne put atteindre le sol, mais c'était la première démonstration claire et indiscutable que l'Homme pouvait modifier l'évolution des nuages.

Comme nous le constaterons dans les chapitres suivants, cette observation ouvrait de nouvelles perspectives. Elle a été reçue avec un enthousiasme débordant. Les espoirs les plus fous se sont alors exprimés et les expériences de modification du temps se sont multipliées, se comptant par centaines. On a ainsi cherché à dissiper des formations nuageuses ou des brouillards gênants, à diminuer les conséquences néfastes de la grêle, à créer artificiellement des pluies au-dessus de régions arides ou désertiques, à éliminer la foudre ou à détourner les cyclones.

Cependant, si les résultats obtenus par Schaefer étaient encourageants, la carboglace n'était pas facile à disperser. De grandes quantités étaient nécessaires pour congeler un nombre suffisant de gouttelettes et déclencher efficacement le processus. Depuis plusieurs années, des travaux étaient menés à la recherche de noyaux glaçogènes capables de congeler des gouttelettes de nuage à des températures proches de 0 °C. Pour être efficaces à ces températures, les matières utilisées doivent avoir une structure cristallographique aussi proche que possible de celle de la glace. Ainsi, les molécules de vapeur d'eau qui s'y déposent adoptent spontanément une organisation qu'elles auraient du mal à trouver toutes seules.

Les essais effectués en laboratoire, avec des matières comme l'iodure de plomb, l'iodure d'argent ou l'antimoine, n'avaient jusqu'ici pas été probants. En 1947, B. Vonnegut découvre que, produit sous forme de fumée, l'iodure d'argent a un excellent pouvoir glaçogène dès que la température descend au-dessous de – 5 °C[16]. Son efficacité tient au fait que la structure hexagonale de son réseau cristallin, tout comme la distance entre les atomes qui la composent, sont proches de celles de la glace. Il montra aussi qu'en brûlant cette substance dans une solution d'acétone on pouvait produire plus de cent mille milliards de particules microscopiques par gramme d'iodure d'argent. À partir de cette époque, l'iodure d'argent est devenu, sans conteste, l'agent le plus couramment utilisé dans toutes les opérations visant à modifier les nuages et les précipitations.

La neige artificielle

Une activité qui utilise de manière efficace la capacité de transformer des gouttelettes d'eau liquide en cristaux de glace est l'industrie de la neige artificielle.

Avec le développement du tourisme et des loisirs que procurent le ski, la luge ou le snowboard, on a assisté à la mise en place dans les stations de sport d'hiver d'une multitude de canons à neige permettant de transformer des jets d'eau liquide en neige artificielle. Le procédé est utilisé en hiver pour recouvrir les pistes lorsque la neige naturelle fait défaut. La méthode consiste à pulvériser un mélange d'eau et d'air dans l'atmosphère lorsque la température est inférieure à -2 °C. En l'air, les gouttelettes cristallisent avant de retomber. Dans certains cas, la formation de cristaux de glace est facilitée par l'introduction dans le mélange air-eau liquide de bactéries (*Pseudomonas syringae*) destinées à jouer le rôle de noyaux glaçogènes.

Près de 10 000 canons à neige sont installés dans les stations de ski françaises. Certaines années de faibles précipitations hivernales comme en 2006, ils auraient permis de recouvrir près de 20 % du domaine skiable. Cependant, ces méthodes nécessitent l'utilisation de grandes quantités d'énergie pour acheminer des millions de m^3 d'eau dont une grande partie s'évapore pendant les opérations.

Stimulation de la croissance des gouttelettes d'eau liquide surfondue

Si les méthodes, préconisées ci-dessus, donnaient quelques espoirs pour modifier les nuages et les brouillards se développant à des températures inférieures à 0 °C, elles ne sont pas adaptées aux nombreuses situations où la température est supérieure et où aucune particule de glace ne peut se former.

Considérant que l'évolution des nuages et des brouillards chauds est limitée par la difficulté d'obtenir des gouttes suffisamment grosses pour collecter les gouttelettes présentes, on a d'abord pensé à pulvériser de l'eau pour déclencher le processus et tenter ainsi de dissiper des brouillards ou de provoquer des précipitations. On a aussi envisagé que de grosses gouttes pourraient se former rapidement par condensation sur des noyaux de condensation géants. En 1930, Houghton et Radford ont essayé de dissiper des brouillards chauds, en dispersant des solutions hygroscopiques de type chlorure de calcium[17]. Mais ces méthodes nécessitant de transporter et de pulvériser de grandes quantités de produits étaient difficiles à mettre en œuvre, extrêmement coûteuses et peu efficaces.

En 1948, I. Langmuir montra que les grosses gouttes, en tombant, se déformaient et finissaient par éclater en une multitude de gouttes, un peu plus petites, qui pouvaient à leur tour collecter des gouttelettes sur leur passage[18]. Cette réaction en chaîne était ainsi supposée augmenter le nombre de gouttes collectrices et accélérer le processus de collection par collision et coalescence. Langmuir en conclut que les tentatives de modification artificielle par pulvérisation d'eau ou par ensemencements de matières hygroscopiques devaient pouvoir être réalisées avec des quantités raisonnables.

Si les essais qui ont suivi ne furent pas très convaincants, l'utilisation de matières hygroscopiques a connu de nouveaux développements après l'observation de modifications dans la microstructure des cumulus survolant des fabriques de papier Kraft (voir le chapitre 3), suggérant que l'introduction de matières hygroscopiques pouvait avoir un effet sur la structure microphysique de certains nuages[19, 20].

Après les attentes nées des expériences réalisées par Schaefer en 1946, et quelque peu déçues par la faible étendue des applications, un nouveau souffle était donné, et de nouvelles opérations se sont développées.

Dans les chapitres suivants, nous passerons en revue les principales méthodes qui ont été utilisées pour essayer d'étendre les résultats obtenus par V.J. Schaefer et par B. Vonnegut et G. K. Mather aux tentatives de dissipation des brouillards et des nuages, d'augmentation de la pluie, de réduction de la grêle, ou d'affaiblissement des cyclones tropicaux.

Chapitre 2

Dissiper les brouillards

La circulation routière et le trafic aérien sont régulièrement perturbés par la présence de brouillards ou de nuages bas. Ces phénomènes ont un impact important sur l'économie, la sécurité des transports, le tourisme, les rencontres sportives et les randonnées en montagne. Malgré les systèmes modernes d'assistance aux décollages et aux atterrissages, le brouillard est la cause de nombreux accidents et la fréquence de rotation du trafic aérien est fortement réduite quand la visibilité est faible. Pour l'aéroport de Francfort en Allemagne, les pertes économiques sont estimées à plus de 250 000 euros par heure de brouillard[1]. Les accidents de la route et les carambolages peuvent aussi être catastrophiques ; plusieurs milliers de personnes meurent chaque année sur les routes des conséquences d'une faible visibilité.

Le brouillard est un nuage touchant le sol. Il réduit fortement la visibilité car il est composé d'une multitude de gouttelettes et/ou de minuscules cristaux de glace qui diffusent la lumière dans toutes les directions. On peut envisager d'améliorer ces conditions difficiles, par la suppression d'une partie des gouttelettes ou des cristaux : en les captant directement, en provoquant leur évaporation ou en facilitant leur croissance pour les aider à précipiter. Il est aussi possible d'intervenir en amont en essayant de prévenir la formation des brouillards. Il s'agit alors soit de réduire l'évaporation des grandes surfaces d'eau à l'aide de films mono-moléculaires ou de produits chimiques, soit de limiter le refroidissement de l'air. Ainsi, par exemple, certains brouillards matinaux, qui apparaissent notamment au cours d'une nuit sans nuage, peuvent être évités grâce à la création d'un voile de fumée destiné à réduire le rayonnement du sol et donc son refroidissement et celui de l'air des basses couches.

Dans la journée, un éclaircissement même partiel du brouillard permet aux rayons de soleil de traverser la couche et d'atteindre le sol dont le réchauffement accélère à son tour la dissipation du brouillard.

Sur la période 1984-2006, le « Registre des projets de modification artificielle du temps » tenu par l'Organisation météorologique mondiale (OMM) recense très peu de projets de dissipation des brouillards· Ce constat tient au fait que les opérateurs n'ont pas tendance à déclarer les programmes opérationnels. Les méthodes de dissipation des brouillards et leurs possibilités sont aujourd'hui connues et seules quelques expériences tentent encore d'en repousser les limites[2].

La captation des particules de brouillard

En observant la nature, on s'aperçoit que la visibilité est souvent bien meilleure dans les milieux boisés que dans la campagne environnante. En effet, les végétaux, et en particulier les grands arbres, peuvent intercepter d'énormes quantités de gouttelettes et de cristaux de glace transportées par les brouillards ambiants. Des opérations destinées à améliorer la visibilité ont ainsi cherché à imiter la nature en installant des bosquets d'arbres, des écrans ou de grands filets verticaux perpendiculairement à la direction du vent dominant. Des expériences ont aussi été réalisées en aspirant de grands volumes de brouillard pour en capter les gouttelettes avant de rejeter l'air asséché dans l'atmosphère. Il convient cependant de noter que les améliorations sur la visibilité apportées par de telles méthodes sont limitées à de faibles superficies.

La dissipation des brouillards par évaporation

Deux techniques se sont révélées efficaces pour la dissipation de certains types de brouillards : la ventilation et les procédés thermiques. Dans les deux cas il s'agit d'assécher l'air ambiant pour évaporer les gouttelettes ou les cristaux de glace.

La technique de ventilation consiste à mélanger l'air saturé du brouillard avec de l'air plus sec qui se trouve au-dessus. Elle peut être mise en œuvre à l'aide d'énormes ventilateurs installés près du sol qui poussent le brouillard vers le haut ou au contraire à l'aide d'hélicoptères en vol stationnaire qui soufflent vers le bas l'air sec des niveaux supérieurs. En absence de vent, elle a permis de dissiper des brouillards dont l'épaisseur ne dépassait pas 60 ou 70 mètres, en produisant une zone de ciel clair qui a persisté pendant plusieurs minutes. À titre d'exemple, elle est régulièrement utilisée par les hélicoptères assurant des missions d'urgence et qui doivent atterrir par faible visibilité.

Quant à la méthode thermique, elle fait appel à des sources de chaleur intense (brûleurs, lasers, radiateurs infrarouges…) pour assécher l'air en le réchauffant. Les souffleries d'air chaud et turbulent ou les réacteurs renforcent le processus en combinant les deux effets (thermique et ventilation).

La première utilisation opérationnelle de la méthode thermique date de la Seconde guerre mondiale, au Royaume-Uni, avec le programme FIDO *(Fog investigation and dispersal operation).* Pour faciliter l'atterrissage des avions en temps de brouillard, on faisait brûler du gasoil ou du kérosène le long des pistes. Cette méthode, très énergivore (elle nécessitait jusqu'à 400 tonnes par heure d'opération), a permis quelque 2 500 atterrissages pendant la durée du conflit. Cependant, les importants nuages de fumée produits diminuaient la visibilité autant que les brouillards combattus. En 1949, un système FIDO amélioré a été installé sur l'aéroport de Los Angeles, aux États-Unis, mais son inefficacité à dissiper autre chose que les brouillards les plus légers et son coût d'exploitation amenèrent son abandon après cinq années de fonctionnement.

Un système plus élaboré, composé de réacteurs installés sous terre à proximité des pistes, a été testé en 1970 sur l'aéroport d'Orly. Devenu opérationnel en 1972 avec douze réacteurs sur les aéroports d'Orly et de Roissy–Charles-de-Gaulle, il aurait facilité 126 atterrissages en situation de brouillard pendant l'hiver 1975-76 et 128 pendant l'hiver suivant[3]. La méthode a été mise en pratique sur plusieurs aéroports, mais s'est malheureusement révélée inefficace lorsque les brouillards étaient transportés rapidement par le vent (brouillards d'advection). En Chine, des turboréacteurs ont été installés sur des remorques permettant de les déplacer rapidement et de les espacer en fonction des conditions météorologiques : caractéristiques du brouillard à dissiper, température, force et vitesse du vent. Les expériences menées sur l'aéroport de Nanyuan rapportent une amélioration de la visibilité sur quelque 100 mètres de long et 50 mètres de large quelques minutes après le début des opérations[4]. Mais elles nécessitaient trois tonnes de kérosène pour seulement deux heures de fonctionnement et le brouillard se reformait très vite après l'arrêt des réacteurs.

Aujourd'hui, la plupart des procédés thermiques et de ventilation ont été abandonnés. Une des principales limitations est leur coût de fonctionnement, souvent prohibitif car ils nécessitent l'utilisation d'énergies considérables. Cela explique pourquoi leurs développements ont surtout visé des pistes d'atterrissage ou des autoroutes à fort trafic, des régions de dimensions limitées mais dont l'activité représentait un fort impact économique.

Par ailleurs, des effets secondaires ont parfois été observés en présence d'un sol gelé. Si le chauffage était insuffisant pour évaporer la totalité des cristaux de glace, en tombant sur le sol ceux qui avaient seulement fondu pouvaient former des plaques de verglas, rendant la circulation encore plus difficile et dangereuse.

La dissipation des brouillards par précipitation

Les méthodes les plus couramment utilisées pour rendre les brouillards moins opaques tentent de provoquer des précipitations pour réduire le nombre des gouttelettes ou des cristaux de glace en suspension. Le brouillard étant un nuage qui touche le sol, les procédés applicables à la modification des nuages sont le plus souvent transposables à la dissipation des brouillards. D'autre part, la cible étant, dans ce dernier cas, située plus près du sol, la mise en œuvre des techniques en est facilitée.

Comme les nuages, les brouillards peuvent être formés entièrement de cristaux de glace (« brouillards glacés ») ou contenir des gouttelettes d'eau liquide (« brouillards surfondus » si la température est inférieure à 0 °C et « brouillards chauds » si la température est supérieure à 0 °C). À travers le monde, on observe environ 80 % de brouillards chauds, 20 % de brouillards surfondus et très peu de brouillards glacés qui apparaissent seulement dans des conditions de froids extrêmes. Ces valeurs climatologiques moyennes varient bien entendu en fonction de la saison et de la situation géographique.

Une analyse des opérations menées à ce jour montre que l'on a surtout tenté de dissiper les brouillards surfondus car la surfusion représente un équilibre microphysique instable où la congélation d'un petit nombre de gouttelettes liquides peut déclencher la croissance rapide des cristaux de glace ainsi formés. Les brouillards chauds et les brouillards gelés, plus stables, sont moins faciles à éliminer.

Brouillards glacés

Les brouillards glacés sont principalement composés de minuscules cristaux de glace et se forment le plus souvent à des températures inférieures à – 30 °C. Ils sont surtout produits par la vapeur d'eau émise par les automobiles, les avions, les usines ou les tours de refroidissement. Alors que les méthodes de dissipation par évaporation des cristaux de glace sont en principe applicables aux brouillards glacés, les quantités d'énergie nécessaires sont si importantes que les opérations ne peuvent être économiquement viables. Des expériences ont été réalisées, aussi bien avec des techniques de ventilation favorisant l'évaporation du brouillard par brassage avec de l'air sec situé au-dessus, qu'avec des champs électriques susceptibles d'accélérer la collision entre cristaux de glace et leur agrégation sous forme de flocons de neige. Mais, les brouillards glacés étant très stables, toutes ces techniques se sont avérées peu efficaces. Il est cependant parfois possible d'améliorer sensiblement la visibilité grâce à un contrôle des émissions atmosphériques de vapeur d'eau en refroidissant, en isolant ou en limitant les sources (lacs, tours de refroidissement, etc.).

Brouillards surfondus

Rappelons-nous : le résultat le plus spectaculaire des expériences réalisées par V.J. Schaefer en 1946 était la dissipation d'une partie du stratus ensemencé, produisant une étroite bande de ciel clair le long de la trajectoire de l'avion. Une série de tests entrepris l'année suivante dans le cadre de l'expérience *Cirrus*, a confirmé ce résultat pour des ensemencements de stratus surfondus formant une couche peu épaisse. Dans certaines situations, la bande de ciel dégagé a pu s'étendre sous l'effet de la diffusion turbulente des ensemencements et atteindre une largeur de plus d'un kilomètre.

Il était donc normal qu'une des applications opérationnelles les plus immédiates de cette technique soit la dissipation des nuages et des brouillards surfondus, la congélation d'une partie des gouttelettes étant obtenue par l'intermédiaire de noyaux d'iodure d'argent ou d'un fort refroidissement provoqué par des réfrigérants comme la neige carbonique. On espère que les cristaux ainsi formés pourront grossir rapidement en bénéficiant de la présence des gouttelettes d'eau surfondues (effet Bergeron) et précipiteront vers le sol.

Plusieurs projets, en particulier aux États-Unis, ont alors été développés avec plus ou moins de succès, pour augmenter le temps d'ensoleillement de régions souvent couvertes par des stratus surfondus. En Russie et en Chine la méthode est fréquemment utilisée pour dégager le ciel à l'occasion de grandes manifestations populaires.

Pour la dissipation de ce type de nuages, l'iodure d'argent est souvent préféré à la neige carbonique parce qu'il est beaucoup plus facile à disperser et que de faibles quantités permettent d'obtenir un grand nombre de noyaux glaçogènes. Si, en moyenne, plusieurs centaines à plusieurs milliers de kilogrammes de neige carbonique sont nécessaires pour assurer une journée d'opération, quelques kilogrammes d'iodure d'argent suffisent.

En revanche, la plupart des brouillards surfondus ont des températures comprises entre 0 °C et – 5 °C, des conditions dans lesquelles l'iodure d'argent est peu actif. Dès le milieu des années 1950, la neige carbonique a été utilisée à partir d'avions spécialement équipés pour ensemencer les brouillards et améliorer ainsi la visibilité. Exploitée sur plusieurs aérodromes, principalement aux États-Unis et dans l'ancienne Union soviétique, cette technique a permis dans de nombreuses situations d'assurer le trafic aérien malgré des conditions météorologiques défavorables. Sa popularité restera cependant assez limitée car la présence même du brouillard rend la mise en œuvre des avions d'ensemencement particulièrement difficile, ceux-ci étant bien entendu soumis aux mêmes règles que les autres aéronefs !

Les gaz liquéfiés sous pression comme le propane ou l'azote ont souvent remplacé la neige carbonique car ils sont plus faciles à disperser de façon homogène. Lorsqu'ils sont vaporisés dans les brouillards, leur détente brutale est accompagnée d'une forte chute de température.

À partir de 1958, des expériences ont été menées sur l'aéroport d'Orly à l'aide de propane liquide, un produit dont la température d'ébullition, à la pression atmosphérique, est d'environ – 42 °C. Une soixantaine de diffuseurs étaient installés sur le sol à environ 1,5 km de l'aérodrome, une distance supposée suffisante pour permettre aux cristaux de glace engendrés par l'ensemencement de tomber avant d'atteindre les pistes[5]. La méthode ayant été jugée efficace, elle est devenue opérationnelle à partir de 1964. Pendant l'hiver 1970-71, elle aurait permis 340 atterrissages et 284 décollages malgré des conditions météorologiques difficiles. Ces opérations ont cependant été suspectées à plusieurs occasions d'avoir diminué la visibilité et d'avoir provoqué des chutes de neige ou du verglas sur les pistes et les routes avoisinantes.

Avec une température d'ébullition proche de – 200 °C, l'azote liquide a été jugé plus efficace que le propane dont l'utilisation nécessite quelques précautions car il est inflammable. Un système automatique a été développé pour dissiper les brouillards surfondus le long de l'autoroute Venise-Trieste[6]. Le vent, la température et la visibilité fournis par des stations météorologiques sont analysés par un calculateur qui commande à distance une dizaine de générateurs d'azote liquide. Le comportement du brouillard et sa réaction aux ensemencements sont simulés pour déterminer la répartition, la durée et l'intensité des ensemencements.

Ces méthodes ont cependant leurs limites. Même si le réfrigérant provoque la congélation d'un certain nombre de gouttelettes, leur croissance ultérieure par condensation solide en présence d'eau liquide (effet Bergeron) est surtout efficace lorsque la température de l'air est comprise entre – 4 et – 6 °C. Dans des brouillards à – 1 ou – 2 °C, les particules de glace grossissent très lentement et ont du mal à précipiter hors du brouillard.

Une autre difficulté pratique concerne la détermination des quantités de réfrigérant à utiliser et des régions du brouillard à ensemencer : en effet, le nombre de gouttelettes congelées dépend de ces données, mais aussi de paramètres difficilement contrôlables comme le vent ou la turbulence. Avec des quantités de réfrigérant trop faibles, le nombre de gouttelettes congelées sera limité et la captation de celles qui sont restées liquides sera très lente. Avec des quantités trop fortes, la plupart des gouttelettes risquent de se transformer en une multitude de petits cristaux de glace se partageant l'eau disponible, trop nombreux pour grossir efficacement et former des précipitations, restant dans le brouillard et limitant fortement la visibilité.

Pour accélérer la dispersion des brouillards, des chercheurs proposent de les bombarder avec de petites particules de neige carbonique (50 µm à 1 mm de diamètre) propulsées à plus de 100 m/s à l'aide de compresseur d'air à haute pression[7]. Le long de sa trajectoire, chaque particule peut ainsi percuter de nombreuses gouttelettes d'eau liquide surfondue supposées se congeler au contact et former une grosse particule de givre tombant vers le sol par gravité. Les auteurs rapportent avoir plusieurs fois observé une amélioration de la visibilité sur un rayon de plus de 50 mètres, moins de 3 minutes après les opérations, ce qui représente une vitesse de dissipation 10 fois supérieure à celle obtenue avec les méthodes classiques utilisant le même réfrigérant. Pour réduire le coût des opérations et la pollution de l'environnement, ils suggèrent de remplacer la neige carbonique par des cristaux de glace. Toutefois, ils conviennent que cette technique n'est pas encore opérationnelle.

Brouillards chauds

Les brouillards chauds sont essentiellement composés de minuscules gouttelettes (1 à 10 µm de diamètre) qui tombent très lentement et se rencontrent rarement. Aussi sont-ils extrêmement stables et très difficiles à dissiper. Plusieurs méthodes ont été testées pour augmenter le processus de collection des gouttelettes et réduire ainsi leur concentration : la pulvérisation d'eau liquide, ou l'ensemencement avec des matières hygroscopiques pour former de grosses gouttes, ou encore l'électrisation d'une partie des gouttelettes pour créer entre elles des forces d'attraction électromagnétiques et augmenter ainsi le nombre de leurs collisions.

La première expérience de dissipation des brouillards chauds, qui soit semble-t-il répertoriée dans la littérature, a été réalisée au *Massachusetts Institute of Technology* (MIT), en 1930 à l'aide de fines particules hygroscopiques comme le chlorure de calcium[8].

En France, deux chercheurs[9] rendent compte d'une expérience réalisée sur l'aéroport de Brest-Guipavas en septembre 1971, en présence d'un brouillard de 40 m d'épaisseur qui réduisait la visibilité à 300 m. Les conditions météorologiques étaient marquées par la présence d'un anticyclone et le vent était pratiquement nul. Les ensemencements ont été réalisés à l'aide de deux diffuseurs distants de 50 m, projetant une poudre de chlorure de sodium. Les auteurs rapportent la dissipation de la couche de brouillard portant la visibilité à 1 100 mètres seulement 4 minutes après le début des ensemencements. Cette dissipation s'est accompagnée d'une précipitation de bruine qui a duré 7 minutes, ce qui correspond sensiblement à la durée des ensemencements. La visibilité est retombée à 300 m aussitôt après l'arrêt des précipitations.

Il convient toutefois de noter que la plupart des matières hygroscopiques, comme le sel, étant toxiques pour les plantes et les animaux, et corrosives pour les équipements, les réacteurs ou les carrosseries, leur utilisation régulière est difficilement envisageable dans des régions habitées ou sur des aérodromes. Pour cette raison, l'urée, qui ne présente pas de tels inconvénients, a été employée, mais sa dispersion en cristaux de taille adaptée est toutefois assez difficile. En Russie, le ciment est aussi utilisé comme agent d'ensemencement pour dissiper stratus et nuages bas car il a la propriété d'absorber l'humidité. À titre d'anecdote, on rapporte que le 12 juin 2008, le largage du ciment ne s'étant pas déroulé comme prévu, un sac de 25 kg ne se serait pas désagrégé et se serait écrasé sur le toit d'une maison, creusant un trou d'un mètre de diamètre. Par chance, il n'y a pas eu de victime.

Comme la sursaturation dans les brouillards est généralement très faible, l'influence de matières hygroscopiques sur la croissance des gouttelettes par condensation est limitée. L'efficacité des opérations dépend à la fois de la dimension et de la nature chimique des particules utilisées pour l'ensemencement, de l'épaisseur et de la densité du brouillard, de la stabilité de l'environnement et de la force du vent. Dans les situations favorables, une amélioration de la visibilité a pu apparaître après l'ensemencement, mais a rarement persisté plus de quelques minutes après l'arrêt des opérations. Dans la plupart des cas, le temps nécessaire pour que les processus enclenchés commencent à être efficaces est supérieur au temps que mettent le vent ou la turbulence pour apporter de nouvelles particules de brouillard et anéantir les effets escomptés. Pour améliorer la visibilité, il est ainsi nécessaire d'ensemencer des régions beaucoup plus étendues que la région ciblée.

À ce manque d'efficacité s'ajoute le fait que les particules hygroscopiques disséminées qui ne précipitent pas hors du brouillard peuvent aggraver la visibilité. *A contrario*, la méthode a d'ailleurs parfois été envisagée pour former des brouillards destinés à des opérations de camouflage à objectifs militaires.

La précipitation des gouttelettes du brouillard peut aussi être obtenue par dispersion à partir d'un avion de grosses gouttes d'eau supposées collecter les gouttelettes qu'elles rencontrent pendant leur chute. Cependant, ensemencer les brouillards avec des gouttes d'eau s'est avéré onéreux et difficile à mettre en œuvre. De plus, dans de nombreux cas l'atmosphère utilise cet excès d'eau pour renforcer le brouillard qui se densifie et s'épaissit, réduisant encore la visibilité.

Devant les difficultés rencontrées, d'autres expériences ont tenté de favoriser la collection entre gouttelettes en leur transmettant des charges électriques à l'aide de champs électriques intenses. Les charges électriques, récupérées par les gouttelettes qui traversent ces champs, créaient entre-elles une attraction électromagnétique qui pourrait faciliter leur collision et le processus de coalescence.

La dissipation la plus rapide serait obtenue lorsque 50 % des gouttelettes sont d'une polarité et 50 % de la polarité opposée[10]. Pour des raisons pratiques et financières, on obtiendrait encore des résultats satisfaisants en se contentant de charger seulement 10 % des gouttelettes avec une polarité unique. Paradoxalement, ces simulations indiquent que les brouillards épais seraient les plus faciles à dissiper. Ce résultat est attribué au fait qu'en raison du grand nombre de gouttelettes la collection peut y commencer beaucoup plus rapidement et de façon plus efficace que dans les brouillards moins épais. En 1999, d'autres chercheurs suggèrent d'installer de tels systèmes pour dissiper les brouillards le long des routes et des autoroutes[11].

Conclusion sur la dissipation des brouillards

La dissipation des stratus et des brouillards surfondus est une technique éprouvée qui a surtout été mise en pratique sur des aéroports pour améliorer la visibilité pendant les phases d'approche ou de décollage des avions et hélicoptères. Cependant, les opérations nécessaires sont généralement onéreuses et difficiles à mettre en œuvre : la dissipation est souvent lente et ne concerne que de faibles étendues (quelques dizaines à quelques centaines de mètres). Dans la majorité des cas, le brouillard se reforme dès que les opérations s'arrêtent ; il faut donc les maintenir sur toute la période pendant laquelle les conditions météorologiques persistent. De plus, les opérations ne sont pas fiables et provoquent parfois des effets secondaires comme du givrage ou des chutes de neige qui peuvent avoir des conséquences aussi dramatiques que la présence du brouillard.

En raison de leur coût, ces techniques ne sont donc adaptées qu'à des situations où le risque économique ou humain associé à la faible visibilité est grand, ce qui peut être le cas de certaines zones d'intenses trafics routier ou aérien. Cependant, les performances, sans cesse croissantes des systèmes d'atterrissage « tous temps » fondés sur l'ILS (*Instrument Landing System*), le système de visualisation tête haute HUD (*Head-Up Displays*) et maintenant sur le GPS (*Global Positioning System*), permettent aujourd'hui aux aéronefs d'effectuer des procédures d'approche et d'atterrissage de précision, même quand la visibilité est faible. Ainsi, dans ce domaine, l'intérêt présenté par les opérations de dissipation des brouillards est moins flagrant et seuls quelques rares projets demeurent.

Les brouillards glacés et les brouillards chauds sont extrêmement stables et difficiles à dissiper. La dissipation des brouillards chauds repose toujours sur des techniques de chauffage et de ventilation qui nécessitent des énergies importantes et dont le coût est très élevé. Certaines idées destinées à provoquer leur dissipation par ensemencement avec des particules hygroscopiques ou par électrisation des gouttelettes sont en cours d'investigation, mais aucune technique opérationnelle n'a encore vu le jour.

Dans ce domaine, comme dans les suivants, nous reprendrons les conclusions du groupe d'experts sur la recherche en modification artificielle du temps de l'OMM[12].

La fréquence relative des brouillards chauds et des brouillards froids dépend du lieu et de la saison. Diverses techniques ont été utilisées pour dissiper les brouillards chauds (à des températures supérieures à 0 °C) et les brouillards froids, par exemple sur les aéroports et, dans une moindre mesure, sur les autoroutes. Aujourd'hui, l'utilisation de ces techniques est moins fréquente, surtout sur les aéroports qui possèdent des systèmes de navigation permettant l'atterrissage dans des conditions de faible visibilité.

La méthode thermique, qui consiste à provoquer l'évaporation des particules de brouillard en réchauffant directement l'air au moyen de sources de chaleur intense (comme les moteurs à réaction) a montré son efficacité sur de courtes périodes pour dissiper certains types de brouillards. Une autre technique consiste à mélanger de l'air sec au brouillard au moyen d'hélicoptères en vol stationnaire ou d'appareils installés au sol. Cependant, les techniques thermiques et celles faisant appel au mélange sont onéreuses pour des applications de routine.

On a aussi tenté de dissiper les brouillards chauds à l'aide de substances hygroscopiques. Une amélioration de la visibilité est parfois obtenue, mais la réussite des opérations dépend aussi bien du mode et du lieu d'ensemencement que de la distribution de taille des substances utilisées. Or ces facteurs, d'une importance critique, sont difficiles à déterminer pour chaque cas. Dans la pratique, cette technique est rarement aussi efficace que le suggèrent les modèles et seuls devraient être employés des agents hygroscopiques inoffensifs pour l'environnement et la santé.

Il est possible de dissiper les brouillards froids (surfondus) en agissant sur la croissance et la sédimentation des cristaux de glace. On peut déclencher efficacement ce processus en ensemençant le brouillard avec des noyaux glaçogènes artificiels à partir de dispositifs installés au sol ou de systèmes aéroportés. Cette technique est opérationnelle sur plusieurs aéroports et autoroutes où la présence de brouillards surfondus est assez fréquente. Les moyens à mettre en œuvre dépendent de plusieurs facteurs et en particulier du vent et de la température. La neige carbonique a été couramment employée dans les opérations aéroportées. On a aussi tiré parti de la détente brutale d'un gaz comprimé pour refroidir suffisamment l'air et que se forment des cristaux de glace. Quelques aéroports et quelques autoroutes sont équipés de dispositifs au sol fonctionnant avec de l'azote liquide ou de la neige carbonique. Une nouvelle technique, qui a été testée de façon encore limitée, consiste à projeter dans les brouillards des jets de neige carbonique pour accélérer la formation et la croissance de cristaux de glace. Comme les effets de ce type d'ensemencement sont faciles à mesurer et que les résultats sont prévisibles, il a généralement été jugé inutile de procéder à des vérifications statistiques aléatoires.

Chapitre 3

Faire tomber la pluie ou la neige

L'Homme adulte est constitué de plus de 50 % d'eau et le nourrisson d'environ 75 %. L'organisme humain ne survit que quelques jours sans apport d'eau. Cet élément est ainsi nécessaire à nos besoins quotidiens et aux cultures qui nous font vivre, mais aussi à la production d'énergie hydroélectrique ou au fonctionnement des centrales nucléaires et de nos industries.

Au total, l'eau de la planète occupe environ 1,4 milliard de kilomètres cubes, un volume qui est resté à peu près constant depuis plusieurs millions d'années. Mais plus de 97 % de cette eau se trouve dans les océans et dans les lacs salés. L'eau douce, qui représente moins de 3 % de l'eau disponible sur notre Terre, est en majeure partie stockée dans les régions polaires, dans les glaciers et dans le sol profond où elle est difficilement accessible. Nous utilisons l'eau qui est facilement récupérable dans les rivières, les lacs, les retenues artificielles et les nappes phréatiques peu profondes : elle ne représente que 0,33 % du total de l'eau douce et elle est facilement épuisable. S'il suffit de quelques minutes ou de quelques heures pour vider une nappe phréatique peu profonde, il faut parfois plusieurs années pour qu'elle se reconstitue. Sans la pluie, tous les réservoirs s'assécheraient et disparaîtraient en quelques mois !

Dans de nombreuses régions du monde, les réserves en eau potable, déjà insuffisantes, doivent répondre à une demande accrue, consécutive à une forte démographie et aux changements d'utilisation des sols. En un siècle, la population de la Terre est passée de 1,5 à 6,5 milliards d'individus et nous sommes presque cinq fois plus nombreux qu'en 1900 à utiliser de façon intensive les ressources de notre planète. Pour subvenir aux besoins alimentaires d'une population sans cesse croissante, il a fallu augmenter les surfaces cultivées et intensifier l'agriculture. Depuis le début du XXe siècle, la superficie totale des terres irriguées a été multipliée par cinq ; à force de puiser de l'eau, les nappes phréatiques atteignent parfois des niveaux dramatiques.

D'après l'Organisation mondiale de la santé (OMS), plus d'un milliard de personnes n'ont toujours pas accès à l'eau potable, 2,6 milliards sont sans moyen d'assainissement, 1,6 million meurent chaque année de maladies diarrhéiques (et notamment du choléra) dues au manque d'accès à un approvisionnement en eau de boisson salubre et à un assainissement de base. 90 % de ces personnes sont des enfants de moins de cinq ans, vivant pour la plupart dans les pays en développement.

Même en France, où le climat est tempéré, le coût annuel moyen des sécheresses est estimé à près de 500 millions d'euros, dont 330 millions concernent les dommages aux constructions, 100 millions sont dus au titre des indemnisations à l'agriculture et 60 millions sont associés aux incendies de forêts. Or, selon les projections climatiques établies pour le XXIe siècle par le Groupe d'experts intergouvernemental sur l'évolution du climat (GIEC) dans son quatrième rapport d'évaluation, il faut s'attendre à une augmentation de la fréquence des fortes sécheresses et des vagues de chaleur comme celles qui ont touché l'Europe en 2003, l'Australie, le centre de la Chine en 2009, la Russie en 2010 ou encore la Corne d'Afrique en 2011.

Sur la qualité de l'eau et les problèmes rencontrés dans les différentes régions du monde, je vous recommande vivement la lecture de *L'avenir de l'eau* d'Erik Orsenna, un livre très documenté qui se lit comme un roman.

Quelles stratégies envisager pour capter l'eau de l'atmosphère ?

Comment se procurer de l'eau douce ? On peut bien sûr la transporter par containers ou par oléoducs depuis les régions pourvues, ou dessaler l'eau de mer. Ces solutions sont sûres et éprouvées, mais les procédés mis en place sont complexes et parfois très gourmands en énergie. Leur coût rend le plus souvent l'eau douce inaccessible à ceux qui en auraient le plus besoin.

En période de sécheresse, on lève la tête, on regarde le ciel et on attend les nuages bienfaiteurs… qui ne viennent pas. On se demande comment les faire venir. Hélas, quand ils apparaissent, ils refusent le plus souvent, de livrer la moindre goutte. Alors, on se demande comment faire pleuvoir ces réservoirs qui gardent jalousement leur eau, ce bien précieux qui est presque à portée de main !

Près de 12 000 km^3 d'eau sont présents à chaque instant dans l'atmosphère, en partie sous forme de vapeur invisible, en partie sous forme de gouttelettes liquides et de cristaux de glace qui composent les nuages. De quoi recouvrir l'ensemble de la planète d'une couche d'eau liquide de plus de 2 cm. Cette eau atmosphérique produit des précipitations et se renouvelle continuellement par évaporation des mers, des lacs, des rivières et des sols, mais aussi par évapotranspiration des végétaux. Les nuages sont ainsi nos principaux fournisseurs d'eau douce. Un petit cumulus peut contenir à lui seul 500 tonnes d'eau condensée, un gros cumulonimbus environ un million de tonnes. Avec une production de près de 430 000 km^3, les précipitations annuelles représentent 3,5 fois les stocks d'eau douce facilement récupérable disponibles sur la planète.

Bien sûr, la vapeur d'eau atmosphérique n'est pas équitablement répartie autour du globe et tous les nuages ne transforment pas aussi efficacement leur eau en précipitation. Les nuages les plus efficaces fournissent plus de 5 millions de litres d'eau par seconde, soit autant que le Zambèze dans les chutes Victoria, les moins efficaces laissent les sols secs et arides. Dans un désert tropical comme le Sahara, les pluies sont rares, mais l'atmosphère y est paradoxalement, nous l'avons dit, beaucoup plus riche en vapeur d'eau qu'au-dessus de pays où les pluies sont abondantes comme la Norvège ou le Canada.

Les premières tentatives pour provoquer la pluie

• **Le bruit et les ondes acoustiques.** La perception d'une corrélation entre le bruit et les précipitations est une constante de toutes les époques : les fortes averses ne sont-elles pas systématiquement accompagnées et souvent précédées de coups de tonnerre ? Au Ier siècle, Plutarque notait : « Il est habituel d'observer que des pluies exceptionnelles tombent très généralement après les grandes batailles. » Il pensait que la pluie pouvait être provoquée par les clameurs et les cris des combattants. La même observation a été rapportée pendant à peu près toutes les batailles importantes et en particulier lors des campagnes napoléoniennes ou pendant les deux dernières guerres mondiales. Puisqu'à ces occasions ce n'était pas les nuages qui étaient visés par les flèches ou les obus, on a imaginé que les précipitations étaient déclenchées par le bruit provoqué. Au cours des siècles, grâce à l'évolution des techniques, les moyens utilisés seront de plus en plus bruyants : depuis les hurlements, les bruits de ferraille ou les sons de cloche, jusqu'aux explosifs et aux tirs de canons…

La motivation qui, en référence aux batailles, avait conduit à l'usage du bruit pour favoriser les précipitations ne résiste cependant pas à une analyse détaillée des conditions météorologiques. En effet, dans nos régions, surtout en période hivernale, il est fréquent que les perturbations se succèdent avec une fréquence de quelques jours. Pour déplacer les troupes et les matériels lourds avant une bataille, les généraux devaient attendre des conditions météorologiques favorables. Les combats pouvaient alors commencer, mais ils devaient s'arrêter quelques jours plus tard, à l'arrivée d'une nouvelle perturbation. Ce n'était donc pas le bruit qui provoquait la pluie, mais la pluie qui perturbait la bataille souvent au point de bloquer le mouvement des troupes et d'entraîner l'arrêt des combats. De la même façon, les chutes de neige qui ont bloqué les troupes de Napoléon pendant la campagne de Russie, comme le rappelle élégamment Victor Hugo dans *L'Expiation*:

«Il neigeait, on était vaincu par sa conquête.
Pour la première fois l'aigle baissait la tête»

ne sauraient être la conséquence du bruit des batailles, mais les précipitations bien naturelles d'une région où les hivers sont rigoureux.

En 1890, l'utilisation du bruit était pourtant devenue populaire et le Congrès américain accepta de financer une opération visant à déclencher la pluie à l'aide de charges explosives embarquées sur des ballons et des fusées. Le bruit des explosions devait provoquer des tremblements de l'air susceptibles de modifier les processus de formation des gouttes de pluie.

L'idée d'utiliser les tremblements de l'air pour provoquer la rencontre de gouttelettes entre elles et accélérer ainsi la formation de gouttes plus grosses issues de leur union (processus de coalescence) a été expérimentée pendant la première moitié du XXe siècle; mais les connaissances actuelles prouvent l'inefficacité d'un tel processus.

• **Provoquer la formation de nuages: l'échec du Météotron.** L'observation de nuages et de brouillards au-dessus des zones industrielles, de voiles cirriformes à l'arrière des avions qui sillonnent le ciel ou de stratus et de stratocumulus (parfois observables sur les images fournies par les satellites météorologiques) derrière les navires qui traversent les océans, montre que dans certaines conditions l'Homme est capable de créer des nuages.

Lorsqu'au XIXe siècle, on s'aperçut que les nuages étaient associés à des courants d'air chaud ascendant, on essaya de produire de la pluie en réchauffant de l'air pour en provoquer le soulèvement. Pour expérimenter la méthode, aux États-Unis, en 1849, J.P. Espy met le feu à cinq hectares de forêt, sans grand succès, en tout cas pour ce qui est du déclenchement d'une quelconque précipitation.

En 1955, en Afrique, H. Dessens et G. Soulage observent des nuages au-dessus de feux de brousse et quelques cas de précipitations qui pourraient en être la conséquence. De retour en France, ils entreprennent la construction d'une source de chaleur d'un million de kilowatts, le *Météotron*, pour simuler les feux de brousse et envisager de provoquer des averses. Cet appareil, installé à Lannemezan, en 1961, est équipé d'une centaine de brûleurs organisés en spirale et consommant plus de 1 000 litres de fuel à la minute[1]. Les expériences, qui produisaient d'énormes panaches polluants noirs, ont permis à de rares occasions d'engendrer de petites tornades[2]. Mais, les résultats ne furent pas très convaincants, et les auteurs constatèrent que même en utilisant toute la puissance de l'appareil, il est souvent impossible de former le moindre petit cumulus.

• **Les stratégies actuelles : trouver des états d'équilibre instable.** Les quantités d'eau qui composent les nuages provoqués par les avions ou les usines sont faibles et très difficilement récupérables. L'énergie nécessaire à la création d'un nuage suffisamment chargé en eau pour donner des précipitations conséquentes est colossale. Elle est comparable à l'énergie fournie par une centrale thermique ou à celle qui est libérée par une bombe atomique. Les opérations modernes de modification du temps ne tenteront donc pas de déployer de telles énergies dont le coût serait exorbitant et dont on ne saurait maîtriser les effets secondaires.

Les traînées de condensation

Les traînées de condensation se forment dans le sillage des avions quand l'air environnant est suffisamment froid et humide (voir photo dans le cahier couleur). Ce sont de longs nuages composés de cristaux de glace. Elles résultent du fort refroidissement provoqué par la détente des gaz s'échappant des réacteurs ou par la détente de l'air à l'arrière des ailes et du fuselage. Lorsqu'elles persistent, ces traînées s'élargissent progressivement et se transforment en bancs de nuages de type cirrus, cirrostratus ou cirrocumulus. Leur contenu en eau est trop faible pour avoir un impact direct sur les précipitations, en revanche leur effet sur le bilan des rayonnements reçus par la Terre et sur l'effet de serre fait actuellement l'objet d'études.
Il ne faut pas confondre les traînées de condensation et les panaches de fumées souvent colorés qui sont parfois utilisés dans les meetings aériens pour agrémenter le spectacle.

Reste à tenter de récupérer l'eau qui se trouve dans les nuages ou dans les brouillards. En période de sécheresse, le ciel n'est pas toujours dépourvu de nuages. Qu'est-ce qui maintient ces nuages (souvent des cirrus ou des cumulus de beau temps) dans cet état d'inactivité ? Pourquoi les masses d'eau qu'ils contiennent ne tombent-elles pas ?

Comme nous l'avons vu au chapitre 1, dans les nuages non-précipitants les mécanismes de croissance des gouttelettes et des cristaux de glace sont lents et peu efficaces : ces particules restent trop petites et trop légères pour atteindre le sol. Les courants ascendants les entraînent vers le haut et, quand elles parviennent à s'y soustraire, elles s'évaporent rapidement dans les régions sous-saturées qui entourent les nuages. Cet état de quasi-équilibre rencontré dans les nuages non-précipitants est le plus souvent associé à trois facteurs principaux : l'absence de grosses particules (grosses gouttes d'eau ou gros cristaux de glace), l'absence de tout mélange de gouttelettes et de cristaux de glace, l'absence de forts courants ascendants. En effet, en présence de grosses particules les précipitations pourraient se former rapidement par collection.

La présence simultanée de gouttelettes et de cristaux de glace favoriserait la croissance de ces derniers par l'effet Bergeron (voir le chapitre 1). La présence de courants ascendants vigoureux s'accompagnerait d'une forte condensation et de mouvements turbulents favorisant le processus de collection. De tels courants augmentent aussi la probabilité d'atteindre des altitudes où la température permet la congélation d'une partie des gouttelettes et conduit à la présence simultanée de gouttelettes et de cristaux de glace. Ainsi, les nuages les plus développés ont généralement une meilleure aptitude à fournir des précipitations.

Les opérations destinées à récupérer de l'eau douce dans les nuages ou les brouillards vont donc tenter soit de collecter directement une partie des gouttelettes et des cristaux de glace présents, soit de détruire le quasi équilibre ambiant en modifiant la vitesse de croissance des particules de précipitation ou en favorisant la libération d'énergies latentes susceptibles de donner un développement supplémentaire aux nuages.

Puisque l'atmosphère peut contenir beaucoup plus de vapeur d'eau lorsque la température est élevée, ce sont les nuages ayant une base à basse altitude et qui sont alimentés par de forts courants ascendants qui seront d'abord la cible des opérations de modification artificielle du temps. Mais ces nuages, le plus souvent des cumulus, se développent rapidement et leur durée de vie ne dépasse pas quelques dizaines de minutes, ce qui, nous le verrons, ne facilite ni les interventions ni le contrôle des opérations.

Beaucoup moins riches en eau que ces nuages, les brouillards peuvent toutefois être aussi une cible recherchée dans certains pays arides car ils présentent l'intérêt de se trouver plus près du sol et de pouvoir facilement être exploités avec des installations fixes et peu onéreuses.

Hugo Chavez déclare la « guerre aux nuages »

« Le président vénézuélien, Hugo Chavez, s'est doté d'un canon spécial cubain pour essayer de percer les nuages et provoquer ainsi les averses dont son pays a besoin pour lutter contre la sécheresse. *"Il a beaucoup plu ces derniers jours parce que j'ai un canon à Miraflores"*, a plaisanté M. Chavez, qui a déclaré récemment la *"guerre aux nuages"*, dans une réunion publique de son Parti socialiste du Venezuela (PSUV), retransmise à la télévision officielle mercredi soir.
"A Valencia, nous sommes en train de tirer des rayons pour recevoir de l'eau. À Bolivar, il pleut. À Guaricio, il n'a pas plu, donc nous allons devoir envoyer un rayon", a-t-il ajouté. Selon ses propres dires, M. Chavez utilise *"un équipement spécial dont dispose Fidel* [Castro] *là-bas* [à Cuba] *pour faire pleuvoir de manière artificielle"*.
La sécheresse provoquée par le phénomène climatique El Nino a provoqué un déficit hydrique de 25 % au Venezuela, poussant le gouvernement à décréter des restrictions d'approvisionnement en eau jusqu'au mois de mai, période habituelle du début de la saison des pluies. Le service est interrompu dans certains quartiers et à certaines heures de la journée, jusqu'à quarante-huit heures par semaine. M. Chavez a récemment appelé les Vénézuéliens à prendre des douches de trois minutes pour économiser l'eau. »

« Pour combattre la sécheresse, Hugo Chavez vante son canon à rayons »,
Le *Monde.fr* avec AFP, 20 novembre 2009

Des opérations visant à augmenter les précipitations sont menées dans plus d'une quarantaine de pays pour satisfaire des usagers variés : agriculteurs, éleveurs, compagnies électriques, stations de ski… Remarquons également que si la majorité des opérations sont conduites comme on pourrait s'y attendre dans les régions semi-arides, certaines sont menées dans des pays qui, comme la Thaïlande ou l'Inde, ont déjà une forte pluviométrie annuelle, mais dont les infrastructures et les pratiques agricoles utilisent beaucoup d'eau. Ces régions souffrent des légères baisses de la pluviométrie enregistrées certaines années et ont compris l'intérêt économique qu'elles tireraient d'une augmentation des précipitations pendant les périodes plus sèches et pendant les périodes de transition séparant les saisons sèches des saisons humides.

Des pluies artificielles déclenchées en Chine

« Au total 2 392 obus et 409 fusées ont été lancés durant 127 opérations d'ensemencement des nuages jusqu'à 22h samedi, a indiqué l'AMC sur son site Internet.

Ces opérations ont été mises en œuvre dans les régions les plus touchées par la sécheresse, telles que le Henan, le Gansu, le Ningxia, le Shaanxi, le Shanxi, le Hubei et l'Anhui.

Dans le Henan (centre), les précipitations artificielles ont apporté une moyenne de 0,5 mm de pluie dans 17 districts et municipalités. Cette province, grande productrice de blé, souffre de la plus grave sécheresse depuis 50 ans.

Les régions ayant bénéficié de la pluie artificielle, ainsi que celle du Hebei (nord), ont enregistré de 1 à 5 mm de précipitations de samedi à dimanche matin, a indiqué le Centre météorologique national chinois (CMN).

Dans la journée de dimanche, des nuages épais devaient couvrir des zones du Shaanxi, du Shanxi, du Henan et de l'Anhui, favorisant les mesures de déclenchement de pluies, a indiqué l'AMC.

Des pluies et de la neige doivent tomber dimanche et lundi sur des régions du nord-ouest, du sud-ouest et du centre de la Chine, selon les prévisions du CMN.

La Chine a déclaré le niveau d'urgence le plus élevé en réponse à la sécheresse exceptionnelle qui perdure depuis novembre dernier.

La sécheresse a déjà affecté 10,7 millions d'hectares de récoltes, 4,37 millions de personnes et 2,1 millions de têtes de bétail à travers le pays. »

« La Chine a déclenché samedi des pluies artificielles dans au moins sept provinces souffrant d'une sécheresse exceptionnelle, selon l'Administration météorologique de Chine (AMC) », Xinhua/Chine informations, 8 février 2009.

Entre 1984 et 2006, le *Registre des projets de modification artificielle du temps* tenu par l'Organisation météorologique mondiale (OMM) comporte chaque année en moyenne 44 projets d'augmentation des précipitations. À partir de 2002, le nombre de projets déclarés diminue fortement. Mais on ne sait pas quelle est, dans cette chute, la part due à une réduction éventuelle des opérations et la part associée à une modification des modes de recensement. Il faut aussi se souvenir, que tous les projets ne transmettent pas d'information et ne sont donc pas pris en compte dans les registres.

Le garoé, ou arbre fontaine (famille des lauriers). Plaquées par le vent sur les feuilles des garoés, les gouttelettes d'eau se rencontrent et ruissellent en de minces filets d'eau. (D'après une gravure ancienne reprise par Darias y Pardon (1880-1960) historien officiel de l'île de Hierro.)

Collecter l'eau des brouillards avec des filets ou une végétation adaptée

Dans certains pays arides, les brouillards représentent le principal apport d'humidité. Or, on a depuis longtemps remarqué que certains arbres étaient capables de capter un grand nombre de gouttelettes et de contribuer ainsi non seulement à leur alimentation en eau mais aussi à celle des plantes voisines. Les textes anciens font en particulier mention du *Garoé*, encore appelé l'arbre fontaine, un arbre des îles Canaries devenu mythique. Grâce à son emplacement exposé aux vents marins, et à la forme de son feuillage, le garoé captait de nombreuses gouttelettes et l'eau s'écoulait abondamment sur le sol dans une région soumise à de sévères sécheresses.

On prétend que pour tirer profit de ses capacités, les hommes avaient aménagé tout un système de collecte au pied de l'arbre. Il aurait été déraciné par une tempête en 1610.

Diverses études ont montré que la bonne capture de l'eau du brouillard dépendait plus de l'exposition aux vents porteurs de brouillards que de l'espèce végétale. Plusieurs types d'arbres fontaines ont ainsi été utilisés pour capter l'eau des brouillards : des lauriers aux Canaries, des agaves et des palmiers dans l'archipel du Cap Vert[3].

L'eau du brouillard serait collectée par l'intermédiaire de la végétation ou de capteurs artificiels dans plus de 22 pays, dans des régions couvertes par des brouillards côtiers ou par des brouillards de pente qui se développent sur le flanc des montagnes[4]. Les exploitations se composent le plus souvent d'une batterie de filets verticaux orientés perpendiculairement aux vents. Dans la région d'Antofagasta, au Chili, 75 capteurs de 48 m^2 alimenteraient ainsi les villages de pêcheurs en fournissant chaque jour près de 11 000 litres d'eau.

L'arroseur arrosé ou comment déclencher la pluie en arrosant les nuages

Puisque les gouttelettes et les cristaux de glace présents dans les nuages non précipitants sont trop petits pour atteindre le sol avant de s'être évaporés, on a envisagé de collecter une partie de ces particules en arrosant directement les nuages. Si les gouttes injectées sont suffisamment grosses, elles ont une vitesse de chute plus importante que les gouttelettes et les cristaux de glace naturels qu'elles peuvent ainsi collecter au passage avant de précipiter vers le sol. En 1948, Langmuir explique que ce mécanisme peut créer une réaction en chaîne multipliant le nombre de gouttes ; il suffit pour cela que certaines gouttes atteignent une taille suffisante (5 à 6 mm) à partir de laquelle, devenues instables, elles explosent en une dizaine de gouttes plus petites (voir l'encadré plus loin). Ces dernières collectent à

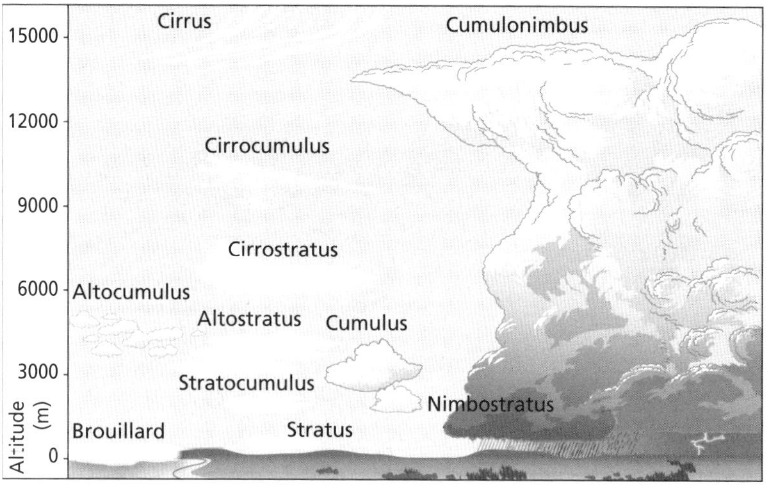

	Nuages à des niveaux élevés			Nuages à des niveaux moyens		Nuages à des niveaux bas			Nuages à fort développement vertical	
Nom	Cirrus	Cirrocumulus	Cirrostratus	Altocumulus	Altostratus	Nimbostratus	Stratocumulus	Stratus	Cumulus	Cumulonimbus
Composition	Cristaux de glace	Cristaux de glace	Cristaux de glace	En général liquide	Mixte : glace et liquide	Mixte : glace et liquide	Surtout liquide	Surtout liquide	Liquide	Mixte : glace et liquide
Précipitations	N'atteignent presque jamais le sol	Aucune	N'atteignent presque jamais le sol	Aucune	Neigne en hiver	Pluie ou neige continue	Rares	Rares	Rares	Forte pluie, parfois grêle

Les dix genres de nuages. Il existe deux grandes catégories : les nuages stratiformes, qui se développent en couches ou strates dans un air stable, et les nuages cumuliformes, qui naissent d'un développement vertical dans un air généralement instable. Le brouillard est une variante de stratus. Tous les nuages ne produisent pas de précipitations.

leur tour des gouttelettes et grossissent jusqu'à la taille critique avant d'exploser et de former de nouveaux embryons de gouttes de pluie. D'après les hypothèses utilisées, un seul litre d'eau bombardé dans les nuages pourrait ainsi enfanter jusqu'à 500 000 litres de pluie. Des calculs suggèrent que les meilleurs résultats pourraient être obtenus par dispersion à la base des nuages de gouttelettes d'eau d'un diamètre de 20 à 30 microns[5]. Des simulations plus détaillées ont montré qu'en fait, la valeur du diamètre optimum dépendait à la fois du contenu en eau liquide du nuage et de la vitesse du courant ascendant qui l'alimente.

Arrosage d'un nuage pour provoquer des précipitations.

La méthode a été testée dans des cumulus d'alizés[6]. Pour des raisons pratiques, le niveau d'ensemencement choisi était situé environ un kilomètre au-dessus de la base des nuages. Une tonne d'eau était dispersée tous les kilomètres de trajectoire des avions. Les observations réalisées à l'aide d'un radar météorologique laissent penser que les nuages ensemencés auraient en moyenne fourni des précipitations 6 minutes plus rapidement et deux fois plus souvent que les nuages qui n'avaient pas été ensemencés.

Après l'analyse de ces résultats, leurs auteurs concluent que la dispersion de gouttes d'eau est susceptible d'augmenter le taux de pluie et même, dans certains cas, de produire des précipitations dans des nuages qui n'en auraient pas donné naturellement. Cependant, les mesures directes de la pluie au sol n'ont pas permis de confirmer ces résultats. Un autre facteur qui a joué en défaveur des développements ultérieurs de cette méthode est l'aspect économique : le transport par avion de grandes quantités d'eau est onéreux et la rentabilité économique est loin d'être assurée. Dans les situations de sécheresse, il n'est même pas vérifié que l'on puisse récupérer l'eau injectée dans les nuages et qui a de fortes chances de s'évaporer avant d'avoir atteint le sol.

La réaction en chaîne de Langmuir

En tombant, les gouttes s'aplatissent sous l'effet de la résistance de l'air. Les plus grosses prennent ainsi une forme de citrouille et deviennent instables. Elles explosent alors en une dizaine de gouttes plus petites. En laboratoire, elles peuvent atteindre 8 ou 9 millimètres avant d'exploser, mais dans les précipitations où elles sont nombreuses, le phénomène est accéléré par la collision des gouttes entre elles. Ainsi, les gouttes les plus grosses d'une précipitation dépassent rarement 4 ou 5 millimètres.
Un autre élément de régulation du processus de réaction en chaîne est la vitesse du courant ascendant dans lequel les gouttes se développent. Si ce courant est trop faible, elles tombent rapidement, ce qui limite l'importance du processus. Les simulations réalisées montrent que la présence d'un courant ascendant supérieur à 10 m/s serait une condition nécessaire au développement de la réaction en chaîne de Langmuir[7]. Ainsi, ce mécanisme ne serait actif que dans les nuages développés où la formation des précipitations est déjà naturellement efficace, mais il n'a jamais été vérifié expérimentalement.

Déclencher la pluie en salant les nuages

Comme nous l'avons déjà mentionné, une autre méthode envisagée pour provoquer les précipitations est de faire grossir une partie des gouttelettes à l'aide de particules ayant une forte affinité pour l'eau (ou particules hygroscopiques) comme le sel de cuisine.

En 1938, après avoir utilisé du chlorure de calcium pour tenter de dissiper des brouillards chauds, H.G. Houghton remarqua que de grosses gouttes se formaient sur un petit nombre de noyaux hygroscopiques géants[8]. Il envisagea alors, que dispersés dans les régions sursaturées du nuage, de tels noyaux pourraient donner naissance à des gouttes de solution qui grossiraient ensuite, par condensation de vapeur, plus rapidement que les gouttelettes naturelles déjà présentes. Plus grosses, elles tomberaient plus vite et pourraient poursuivre leur croissance par collection jusqu'à une taille qui leur permette de sortir du nuage et d'atteindre le sol sous forme de gouttes de pluie. On peut aussi imaginer que le processus de réaction en chaîne de Langmuir prenne alors le relais et permette de multiplier le nombre de gouttes et l'intensité des précipitations.

Pour les opérations, les particules hygroscopiques peuvent être dispersées dans l'atmosphère sous forme de poudre de sel, de gouttelettes de solution ou de fumées. Leur utilisation est plus économique que celle de gouttes d'eau liquide destinées à arroser les nuages. Des calculs publiés en 1971 ont permis de déduire que, pour des résultats similaires, les quantités nécessaires pourraient être 30 à 40 fois inférieures en poids aux quantités d'eau à disperser[9]. Il est aussi possible d'émettre ces particules à partir de générateurs installés au sol, ce qui dispense de mettre en œuvre des avions et réduit considérablement le coût des opérations.

En 1970, des chercheurs observent qu'au fil des ans les précipitations enregistrées sous le vent des nouvelles zones industrielles de l'État de Washington avaient augmenté plus rapidement (environ 30 %) que dans les régions avoisinantes[10]. Ils associent cette augmentation au développement des usines de pâte à papier et d'industries renvoyant dans l'atmosphère quantité de particules hygroscopiques tels les sels de sodium, de potassium et de calcium qui sont d'excellents noyaux de condensation. Dans les nuages passant au-dessus de ces usines, ils observent des concentrations en gros noyaux de condensation cinq fois plus importantes que dans les nuages environnants. Les gouttelettes dont le diamètre dépasse 30 microns y sont 4 fois plus nombreuses. Cependant, des simulations indiquent que dans ces nuages les quantités d'eau n'étaient pas suffisantes et que la seule action des noyaux de condensation ne permettait pas d'expliquer l'augmentation des précipitations observée au sol[11] ; leurs auteurs suggèrent plutôt un effet combiné des noyaux, de la chaleur et de l'humidité rejetés dans l'atmosphère par les usines. Ce résultat est toutefois encourageant car il met en évidence l'effet des noyaux artificiels sur la microstructure des nuages.

De nombreuses opérations, fondées sur l'utilisation de particules hygroscopiques, ont alors été conduites à travers le monde. Les résultats présentés sont assez variés : parfois positifs, quelques fois négatifs, et la plupart du temps non concluants, mais la majeure partie des opérations ont été réalisées avec des moyens d'observation et de contrôle limités. Elles ont de ce fait fourni assez peu d'information sur l'impact réel des ensemencements. Pour cette raison, nous ne retiendrons ici qu'un petit nombre d'expériences.

L'ensemencement des nuages chauds

Une série d'opérations relativement bien planifiées a été menée en Inde de 1957 à 1966, puis de 1973 à 1986, sur les cumulus qui se développent entre juillet et septembre, pendant la période de mousson. Les ensemencements étaient effectués soit à partir de générateurs installés au sol et dispersant de fines gouttelettes de solution, soit à partir d'un avion diffusant dans chaque nuage 10 à 30 kg d'un mélange de sel et de stéatite (un silicate de magnésium). L'étude statistique présentée par les opérateurs[12] suggère une augmentation de la pluie d'environ 24 % qui serait essentiellement due à l'ensemencement des nuages ayant une épaisseur d'au moins un kilomètre et un contenu en eau supérieur à 0,5 gramme par m^3. Ces résultats n'ont cependant pas été confirmés par de nouvelles analyses indépendantes.

Entre 1995 et 1998, en Thaïlande, une expérience a été réalisée pendant les périodes d'été sur des cumulus en phase de développement[13]. Un avion, volant un à deux kilomètres au-dessus de la base des nuages sélectionnés, inséminait chaque kilomètre de nuage avec une vingtaine de kilogrammes de chlorure de calcium. Seules les situations favorables étaient sélectionnées. Pour chacune d'entre elles, un tirage au sort

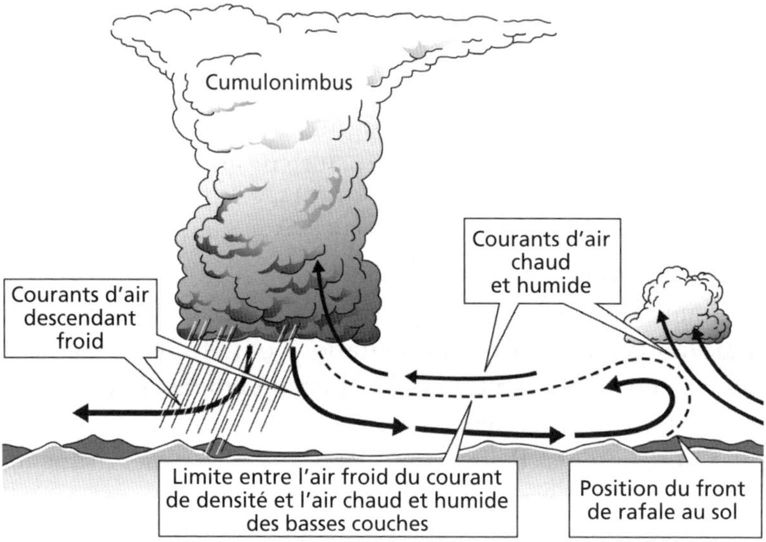

Influence des courants de densité sur la formation de nouveaux nuages. Les flèches noires représentent de façon schématique les principaux courants d'air qui peuvent jouer un rôle dans le développement des nuages à fort développement vertical (nuages convectifs). L'air qui accompagne les précipitations est refroidi par évaporation d'une partie de l'eau qu'elles contiennent. En arrivant au voisinage du sol, il s'étale et provoque un coup de vent souvent ressenti quand arrive l'orage. En rencontrant l'air chaud et humide des basses couches, il favorise son soulèvement et le renforcement du nuage dont il est issu ou, comme c'est le cas sur la figure ci-dessus, la formation de nouveaux nuages.

décidait si elle servirait de référence naturelle ou si des ensemencements auraient lieu. Ainsi, 34, choisies de façon aléatoire, ont fait l'objet d'ensemencements, les 33 autres en ont été privées. Les opérations de contrôle ont été réalisées à partir d'un radar météorologique.

En 1997, deux avions équipés d'instruments de mesure microphysique ont observé les aérosols, les gouttelettes de nuage et les gouttes de précipitation. Ces mesures combinées avec celles du radar indiquent que les caractéristiques des nuages ensemencés étaient différentes de celles des nuages non ensemencés. Dans les premiers, les grosses gouttes occupaient une région plus vaste que dans les seconds et la quantité d'eau précipitable y était en moyenne deux fois plus importante. En revanche, aucun indice ne permet de penser que les nuages ensemencés ont été plus développés, plus vigoureux, ou ont duré plus longtemps que les autres. L'absence d'un réseau de mesure suffisant n'a pas permis de conclure sur les quantités de précipitation qui ont réellement atteint le sol.

Dans cette expérience, le résultat le plus surprenant est l'observation d'une différence significative entre les nuages naturels et les nuages qui apparaissent parfois quelques heures après les ensemencements et non, comme on aurait pu s'y attendre, entre nuages naturels et nuages ensemencés. Ce résultat, s'il est confirmé, remet en cause les hypothèses utilisées jusqu'ici dans les opérations visant à augmenter les précipitations. Ces dernières qui reposent sur la seule modification physique des nuages ensemencés ne permettent pas d'expliquer les phénomènes observés. L'intervention d'un processus dynamique paraît nécessaire, comme cela a été proposé lors d'un atelier organisé par l'Organisation météorologique mondiale (OMM), à Mazatlán, au Mexique, en 1999. On pourrait par exemple imaginer que le chlorure de calcium a accéléré la formation des précipitations dans les nuages ensemencés et en a augmenté localement l'intensité (sans pour autant en augmenter la quantité). Devenus plus forts, les courants d'air froid associés aux précipitations (encore appelés courants de densité) auraient alors produit au sol des vents un peu plus violents, provoquant à leur tour le développement de nouveaux nuages plus vigoureux[14]. À ce stade toutefois, les explications ne sont que spéculatives et ne pourront être vérifiées qu'à l'aide d'études complémentaires.

Cette expérience montre que les opérations peuvent avoir des effets plus étendus qu'initialement envisagés : aussi les méthodes de contrôle doivent prendre en compte l'effet des interventions sur des régions plus vastes que celles qui sont couvertes par les seuls nuages ensemencés.

Les radars météorologiques

Le radar météorologique est fréquemment utilisé pour piloter les opérations de modifications artificielles du temps et pour évaluer leurs impacts, car cet outil est bien adapté pour observer et suivre les orages et autres systèmes précipitants. Il détecte des objets à distance (ou cibles) en exploitant leurs capacités à réfléchir une petite partie des rayonnements électromagnétiques qu'il émet brièvement (temps de l'ordre de la microseconde). La quantité d'énergie qu'il reçoit en retour renseigne sur certaines caractéristiques des cibles ou «obstacles rencontrés» et la durée du trajet aller-retour de l'onde détermine leur distance au radar. Avec une antenne directionnelle qui concentre l'énergie dans une direction choisie, il est possible de localiser assez précisément ces cibles.

Les radars qui utilisent des ondes millimétriques (dont la longueur d'onde est de quelques millimètres) détectent bien les gouttelettes d'eau et les petits cristaux de glace: ils permettent une meilleure observation des nuages. Mais ces ondes sont très rapidement atténuées par l'atmosphère et les précipitations, si bien qu'elles ne fournissent pas d'observation au-delà d'une dizaine de kilomètres.

Avec des ondes centimétriques, les radars sont sensibles à la présence des hydrométéores présents dans l'atmosphère: gouttes de pluie, cristaux de glace, particules de grésil ou de grêle. Ils dévoilent ainsi la structure tridimensionnelle des régions contenant de l'eau liquide ou solide et permettent d'en estimer la masse. Ils fournissent une observation des précipitations dans un rayon de plus de 200 kilomètres et une évaluation de leur intensité jusqu'à 80 ou 100 km.

En mesurant les changements d'orientation des vibrations qui composent les ondes électromagnétiques émises, les radars à diversité de polarisation détectent assez précisément le type de précipitation présent dans les différentes régions du nuage (pluie, neige, grêle) et en évaluent l'intensité.

Moins précis localement que le pluviomètre, le radar assure une meilleure couverture spatiale avec une résolution de l'ordre du kilomètre. Des mesures de bonne qualité sont obtenues lorsqu'il est couplé à un réseau de pluviomètres. En cas de risque d'inondation, l'estimation des cumuls de précipitations (ou « lames d'eau ») au-dessus d'un bassin-versant est une information de première importance pour les services de prévision des crues et de la Sécurité civile.

Si les cibles se rapprochent ou s'éloignent, la fréquence des ondes radioélectriques qu'elles renvoient est différente (effet Doppler), et la mesure de cette différence permet de déterminer leur vitesse moyenne de déplacement par rapport au radar (vitesse radiale). C'est le même type de mesure qui est utilisée pour le contrôle de vitesse des véhicules sur les routes ou les autoroutes. Cette différence fournit aussi des informations sur les vents qui transportent les cibles. Les radars les plus sensibles permettent de détecter les insectes, les poussières et les inhomogénéités de température ou d'humidité, et donnent ainsi des informations sur le vent et la turbulence en air clair. Avec trois radars, on obtient pour chaque point de l'espace les trois composantes de la vitesse du vent. On en déduit la structure des champs de vent à l'intérieur et à l'extérieur des nuages.

Le territoire français est couvert par le réseau ARAMIS. En 2010, ce réseau géré par Météo-France comporte 24 radars qui évaluent les champs d'intensité de précipitation toutes les 5 minutes. L'ensemble des mesures est concentré toutes les 15 minutes pour former une image composite ou « mosaïque » sur l'ensemble du territoire et estimer les lames d'eau. D'autres installations sont prévues pour compléter le réseau dans les régions montagneuses et dans les régions les plus exposées aux risques d'orage et d'inondations. Des développements sont en cours dans le cadre du programme OPERA du réseau des services météorologiques européens (GIE Eumetnet) pour réaliser des mosaïques d'images radar couvrant toute l'Europe.

Les nuages mixtes

Longtemps l'utilisation des particules hygroscopiques a été réservée aux seuls nuages chauds. Dans les nuages contenant à la fois de l'eau liquide et des cristaux de glace (nuages en phase mixte ou, plus simplement, nuages mixtes) on préférait agir directement sur la congélation de gouttelettes surfondues pour accélérer l'effet Bergeron.

Pendant l'été 1988-89, des études réalisées en Afrique du Sud ont observé l'effet des rejets atmosphériques d'une usine de papier Kraft sur la composition de gros cumulus mixtes[15]. Dans ce cas, les aérosols émis peuvent agir, non seulement sur la croissance des gouttelettes, mais aussi sur la formation de cristaux de glace : les grosses gouttes se congelant plus rapidement que les petites car elles ont une plus grande probabilité de contenir ou de rencontrer des noyaux glaçogènes. Ensuite, l'effet Bergeron peut assurer une croissance rapide des particules de glace aux dépens des gouttelettes d'eau liquide. Les mesures radar suggéraient que les nuages ayant survolé l'usine duraient plus longtemps, se développaient mieux et donnaient davantage de pluie que les autres nuages observés dans la région.

Une expérience, organisée entre 1991 et 1996, a tenté de reproduire l'effet des usines de pâte à papier à l'aide de fumées hygroscopiques composées de sels de sodium, de calcium et de potassium, associés à de la poudre de magnésium. Les nuages ont été ensemencés en utilisant des fumigènes embarqués sous les ailes d'avions. Au total, 127 nuages présentant un fort potentiel pour une modification artificielle ont été sélectionnés. 62 d'entre eux ont été ensemencés et 65 n'ont subi aucune intervention afin de servir d'éléments de contrôle. Des résultats indiquent qu'en moyenne les nuages ensemencés ont duré plus longtemps et ont donné des échos radar plus intenses que les nuages non ensemencés[16]. Les opérations ont toutefois été arrêtées en 1997 en raison de l'absence de preuve que les ensemencements présentaient une réelle rentabilité économique.

Cependant les résultats obtenus paraissaient suffisamment encourageants pour susciter le développement au Mexique d'une expérience répliquant les mêmes méthodes. Un programme de 4 ans a été mis en place en 1996 sous la responsabilité du *National Center for Atmospheric Research* (NCAR) des États-Unis. L'objectif principal était d'étudier le comportement des nuages subissant un ensemencement et de le comparer à celui des nuages observés en Afrique du Sud. Les moyens mis en œuvre se composaient d'un radar météorologique équipé d'un logiciel d'analyse automatique des propriétés des nuages, et d'un avion instrumenté pour des mesures *in situ* des caractéristiques microphysiques. Entre 1997 et 1998, un test de modification artificielle a été mené sur 99 situations sélectionnées en dupliquant les méthodes utilisées en Afrique du Sud. 47 d'entre elles ont subi des ensemencements, les 52 autres non traitées ont servi de contrôle.

La comparaison des résultats obtenus montre de fortes similarités entre les deux expériences, à savoir : des quantités de pluie (estimées à partir des radars) plus grandes dans les nuages ensemencés que dans les nuages non ensemencés ; des nuages ensemencés qui durent plus longtemps ; une augmentation des quantités de pluie estimées qui apparaît 20 à 30 minutes après les ensemencements.

Aussi prometteurs qu'ils paraissent, ces résultats obtenus à partir d'observations radar ne permettent pas de conclure à une augmentation des précipitations au sol : rien ne prouve que les particules qui ont grossi dans le nuage ont pu atteindre le sol, ni que l'évolution subie par les nuages ensemencés n'a pas eu de répercussion (positive ou négative) sur les nuages environnants.

L'observation d'une augmentation d'intensité des signaux de pluie reçus par les radars 30 à 60 minutes après les ensemencements reste cependant à expliquer. En théorie, le temps de réaction des nuages traités dans ces expériences devrait être beaucoup plus court : entre 10 et 20 minutes au maximum et nous ne comprenons pas bien quels processus entraînent un tel délai. Comme dans le cas de l'expérience menée en Thaïlande précédemment citée, il est vraisemblable que les mécanismes mis en jeu soient plus complexes qu'escompté, incluant des interactions entre la croissance des gouttes et la dynamique des courants d'air structurant les nuages. Il serait vain de poursuivre ce type d'opérations avant d'avoir compris les processus enclenchés par les ensemencements.

Les avions de recherche atmosphérique

Les avions spécialement instrumentés permettent d'approcher ou de pénétrer les nuages pour effectuer des mesures plus précises et des prélèvements d'air nuageux, d'aérosols ou de particules de nuage.
Les mesures *in situ* de température, pression, hygrométrie, concentration en polluants, mais aussi de nombreux autres paramètres comme le nombre, la dimension et la forme des gouttelettes ou des cristaux de glace à l'intérieur des nuages se sont développées

rapidement depuis une dizaine d'années. Des instruments optiques permettent en particulier de mesurer le diamètre des aérosols et des gouttelettes ou d'évaluer la taille et la forme des cristaux de glace le long de la trajectoire de l'avion. Des lidars, des radars et des radiomètres embarqués sont utilisés pour étendre ces mesures au-delà de la trajectoire et obtenir ainsi une image complète et simultanée de la composition de l'atmosphère. Les avions permettent de transporter ces instruments de télédétection près des nuages et de collecter des données avec une meilleure résolution que lorsqu'ils sont installés au sol.
Quelques avions ont été spécialement équipés pour pénétrer les orages les plus violents (T-28 blindé de l'Institut des sciences de l'atmosphère de l'École des mines et technologies du Sud-Dakota aux États-Unis) ou les cyclones tropicaux (WP-3D Orions de l'Administration océanique et atmosphérique nationale, NOAA, des États-Unis).
En France, les chercheurs disposent de trois avions spécialement instrumentés pour la recherche en environnement : un Piper Aztec et un ATR 42 appartenant à Météo-France, ainsi qu'un Falcon 20 de l'Institut national des sciences de l'Univers (CNRS/Insu). Ces avions sont gérés par le SAFIRE (Service des avions français instrumentés pour la recherche en Environnement), une unité mixte de services du Centre national de la recherche scientifique (CNRS), de Météo-France et du Centre national d'études spatiales (CNES), basée à Toulouse. Ils ont été utilisés avec succès dans de nombreuses expériences coopératives pour étudier les nuages, les perturbations, les précipitations dans les régions montagneuses, etc.

Faire grossir les particules de glace : la méthode « statique »

Dans les régions tempérées, la majeure partie des nuages précipitants sont des nuages mixtes : la température à leur base est supérieure à 0 °C alors que leur sommet a une température inférieure. La présence simultanée de gouttelettes d'eau liquide et de cristaux de glace pourrait favoriser la formation de précipitations, mais de nombreux nuages dont le sommet culmine pourtant à des températures voisines de – 10 ou – 15 °C sont exclusivement composés de gouttes d'eau liquide surfondue. D'un côté, la congélation d'une partie de ces gouttes pourrait permettre une croissance accélérée par effet Bergeron des cristaux de glace ainsi formés. Nous nommerons « méthode statique » celle qui cherche à exploiter ce processus. D'un autre côté, en libérant de fortes quantités de chaleur latente, la congélation de toutes les gouttes pourrait donner une impulsion supplémentaire au nuage. Nous appellerons « méthode dynamique » celle qui tente de mettre en œuvre ce mécanisme. Commençons par la méthode statique, la méthode dynamique sera présentée plus loin dans ce chapitre.

Quatre types de techniques sont utilisés pour injecter des noyaux dans les nuages. Les générateurs installés sur le sol sont faciles d'emploi, mais il n'est pas certain que les panaches de noyaux puissent atteindre les nuages. Les fusées et les obus permettent d'inséminer directement et rapidement les régions identifiées par les radars. À condition toutefois que ces vecteurs aient une portée suffisante. Les avions équipés de générateurs atteignent rapidement les régions favorables à l'ensemencement, encore difficilement détectables par les radars, comme les nuages en formation. Toutefois leurs possibilités d'action peuvent être limitées par la présence de forte turbulence, de givrage ou de grêle.

La première expérience visant à augmenter les précipitations par dispersion de neige carbonique solide dans les nuages à partir d'un avion a été réalisée aux Pays-Bas en 1930[17]. Mais la méthode utilisée n'était pas bien définie et il n'est pas évident qu'elle ait été fondée sur des hypothèses scientifiques solides. Les travaux de Schaefer et Vonnegut ont permis de mettre en place des hypothèses d'augmentation artificielle des précipitations, fondées sur une théorie scientifiquement plus cohérente, mais qui n'a toutefois pas été vérifiée sur le terrain.

Parmi les centaines d'opérations ayant utilisé de l'iodure d'argent ou un réfrigérant comme de la neige carbonique, seule l'expérience menée en Israël entre 1961 et 1975 semblait en mesure de valider cette théorie[18]. La majeure partie des opérations n'ont pu mettre en évidence une quelconque modification. Certaines, comme celles menées dans l'Arizona entre 1957 et 1964[19, 20] ou dans le Missouri (projet Whitetop) entre 1960 et 1964[21] ont à l'inverse enregistré de nettes diminutions des précipitations. Sur l'ensemble, peu d'expériences ont fourni des informations suffisamment précises pour analyser efficacement l'effet réel des ensemencements. Ainsi, après 47 ans d'expériences menées en Australie, des chercheurs concluent que la méthode statique n'a pas permis d'augmenter les précipitations dans les plaines australiennes. Ils annoncent cependant des résultats encourageants sur certains stratus associés au soulèvement de l'air sur les reliefs (stratus orographiques)[22].

Le projet Whitetop aux États-Unis

Le projet *Whitetop* mené dans le Missouri aux États-Unis entre 1960 et 1964, était destiné à accroître, en plaine, les précipitations issues des cumulus d'été. L'ensemencement était réalisé à partir d'un avion équipé de brûleurs à iodure d'argent. Les analyses statistiques qui ont été faites à partir des données acquises pendant les opérations indiquent au mieux un résultat incertain. La plupart d'entre elles mettent en évidence une diminution des pluies pendant les ensemencements, diminution allant jusqu'à 60 pour cent.

Pour expliquer ces résultats, on a analysé les particularités des nuages traités. Ils s'étaient développés dans une masse d'air d'origine maritime. Leur base était le plus souvent située à des niveaux où la température est nettement supérieure à 0 °C. Le contenu en eau liquide, important, était réparti sur un petit nombre de gouttes. De ce fait, la concurrence pour disposer de l'eau disponible était faible et les gouttes pouvaient grossir par condensation avant que la coalescence ne prenne le relais. Dans ce type de nuages, la formation de précipitations naturelles est efficace, ce qui explique qu'à épaisseur égale, ils fournissent plus de pluie que les nuages se développant dans les masses d'air d'origine continentale.

Un autre mécanisme important pour les nuages se développant dans des masses d'air d'origine maritime a été mis en évidence[23] : le processus de multiplication des cristaux de glace, un processus qui peut engendrer des concentrations en cristaux 10 000 fois plus importantes que celles des noyaux glaçogènes naturellement présents. Dans ces conditions, l'introduction de noyaux artificiels par ensemencement a peu de raison de produire des effets positifs car la pénurie de cristaux de glace est peu probable. Le risque est, au contraire, une augmentation rapide du nombre de particules se partageant l'eau disponible et une perte d'efficacité des processus de croissance naturels.

Les expériences israéliennes

Deux expériences phares (Israël-1 et Israël-2) ont été menées en Israël entre 1961 et 1975 sur des cumulus et des cumulonimbus. Elles sont aussi remarquables par la durée et l'importance des opérations, que par l'intérêt qu'elles ont suscité. Les ensemencements étaient réalisés en diffusant des fumées d'iodure d'argent à partir d'un avion volant au niveau de la base des nuages, au vent des régions à ensemencer.

Pour contrôler statistiquement l'impact des interventions, les opérations étaient organisées à partir de deux régions cibles séparées par une zone tampon. Le choix de la région cible qui devait être ensemencée un jour donné était fait par tirage au sort, l'autre région cible ne subissant aucune intervention et servant ce jour-là de témoin. La zone tampon n'était jamais ensemencée. Les premiers résultats[24, 25] indiquaient une augmentation apparente des précipitations par ensemencement d'environ 15 %.

À cette époque, l'expérience israélienne représentait un espoir fou pour toutes les régions en mal d'eau douce et de nombreuses opérations eurent pour objectif de dupliquer ses méthodes. Ainsi, pour étudier sa possible transplantation dans d'autres régions du monde, à partir de 1979 l'Organisation météorologique mondiale (OMM) a organisé le Projet d'augmentation des précipitations

(PAP) dans la région semi-aride de Valladolid en Espagne. Le projet a cependant été arrêté au bout de deux années car les mesures microphysiques[26] montraient de façon très nette que dans cette région les nuages non précipitants étaient le plus souvent dotés d'une base chaude, d'un caractère maritime marqué et d'un processus de multiplication des cristaux de glace potentiellement très efficace. Avec de telles caractéristiques, les ensemencements envisagés avaient plus de chances de réduire les précipitations que de les augmenter.

Un autre projet de transplantation de la méthode a été mis en œuvre en Italie, dans la région de Puglia, entre 1988 et 1994. Pour réaliser une duplication correcte de la technique, les organisateurs avaient sollicité la participation de scientifiques et de moyens opérationnels israéliens. L'évaluation des résultats met en évidence l'absence d'effet significatif des ensemencements[27]. En outre, le défaut de mesure physique associée à cette opération n'a pas permis de vérifier la compatibilité de la méthode employée avec les caractéristiques des nuages observés dans la région.

Une nouvelle expérience de contrôle (Israël-3), organisée en Israël entre 1976 et 1991, a mis en évidence des différences importantes entre les nuages des différentes régions cibles choisies pendant les expériences précédentes. Par ailleurs, une étude réalisée par Z. Levin montre que la plupart des nuages convectifs (cumulus et cumulonimbus) observés en Israël produisent naturellement de grosses gouttes et de fortes concentrations en cristaux de glace, des conditions qui, nous l'avons vu, ne sont pas cohérentes avec l'application du concept d'ensemencement à l'aide de noyaux glaçogènes[28].

Une analyse météorologique détaillée de l'expérience Israël-2 indique qu'une grande partie des situations, pour lesquelles l'ensemencement avait semblé être favorable dans la zone cible, avait aussi donné un surplus de précipitation dans la zone tampon[29, 30]. Or, l'étude du vent observé montre qu'il est fortement improbable que cette zone ait pu être contaminée par les agents d'ensemencement. Une réanalyse des données conclut que la plupart des augmentations de précipitations enregistrées dans les régions cibles n'étaient pas le résultat des ensemencements, mais du choix des situations ensemencées : le tirage au sort a fait que les opérations étaient plus fréquentes les jours associés à de fortes précipitations naturelles[31].

L'ensemble de ces observations a fortement remis en question les succès initialement proclamés. Il semblerait que les nombreuses expériences menées en Israël aient péché par un manque de vérification des processus physiques mis en jeu dans les nuages ensemencés et de leur cohérence avec les hypothèses scientifiques appliquées aux opérations. De telles vérifications ont par exemple évité à l'Organisation météorologique mondiale (OMM) de poursuivre vainement des opérations initialement envisagées en Espagne dans le cadre du PAP.

L'expérience HIPLEX aux États-Unis

Alors que les expériences Israël-1 et Israël-2 avaient pour objectif un contrôle purement statistique des effets de l'ensemencement, en 1979 et 1980, HIPLEX-1 a porté sur la vérification des processus physiques supposés conduire à l'augmentation des précipitations. Les opérations ont été réalisées dans le Montana, aux États-Unis, à partir d'un avion dispersant 100 grammes de neige carbonique par kilomètre dans les nuages sélectionnés, de petits cumulus congestus. Après deux ans de mesure, les études montrent que seule une minorité des nuages s'est comportée comme prévu. Les autres ont subi des évolutions parfois inattendues[32] : les mesures ont en particulier mis en évidence que la durée de vie des gouttelettes d'eau liquide était trop brève pour que les ensemencements agissent sur leur croissance. Par ailleurs, le plus souvent dans ces nuages les précipitations ne se formaient pas, comme on l'avait envisagé, par accrétion (givrage des gouttelettes sur des particules de glace), mais par agrégation d'une multitude de cristaux de glace sous forme de flocons. Grâce à cette approche expérimentale, il a été possible de comprendre pourquoi les nuages ensemencés ne réagissaient pas de manière conforme aux hypothèses formulées lors de la mise en place des opérations : on avait surestimé la vitesse de croissance par accrétion des particules de glace créées par les ensemencements.

Les nuages orographiques

De nombreuses opérations ont aussi cherché à modifier les nuages orographiques qui se développent lorsque le vent soulève l'air au-dessus des montagnes. Dans ce cas, l'objectif est d'augmenter les réserves d'eau dans les barrages ou le manteau neigeux qui rendra son eau disponible au moment du réchauffement printanier ou estival.

Les expériences Climax I et Climax II, organisées dans les montagnes rocheuses entre 1960 et 1970, ont mis en évidence la possibilité d'augmenter les précipitations des nuages orographiques d'hiver[33]. Les résultats statistiques annoncés (100 % d'augmentation dans le cas de Climax I et 24 % pour Climax II) ont toutefois été controversés[34, 35]. Leurs détracteurs montrent que l'effet des ensemencements ne dépasse pas 10 % pour l'ensemble des deux expériences, une valeur nettement moins forte que les évaluations précédentes mais qui confirme toutefois le potentiel des opérations d'ensemencement des nuages orographiques d'hiver.

De leur côté, d'autres chercheurs rapportent une forte augmentation des précipitations observées (de l'ordre de 30 %) dans une expérience menée en Tasmanie, entre 1964 et 1971, sur des stratus orographiques ayant une température de sommet comprise entre – 10 et – 12 °C[36]. Analysant l'ensemble des activités d'ensemencement des nuages menées en Tasmanie pendant les périodes mai-octobre comprises entre 1960 et 2005, des scientifiques rapportent une augmentation des précipitations comprise entre 5 % et 14 %[37]. Ces résultats mériteraient toutefois d'être validés par une observation des mécanismes mis en jeu : en effet, les nuages au-dessus de la Tasmanie sont d'origine maritime et le processus de croissance des précipitations y est certainement très efficace naturellement. En augmentant le nombre de cristaux de glace, les ensemencements pourraient alors rendre le processus naturel inopérant.

D'autres expériences ont montré que, dans certaines conditions favorables, les ensemencements augmentaient les précipitations de neige. Cependant, les agents dispersés ont souvent du mal à atteindre les régions ciblées et l'analyse de la neige tombant au sol pendant les opérations a montré la fréquente absence d'agent artificiel. Pour des raisons de commodité et de maintenance, les générateurs sont le plus souvent placés dans des vallées et les inversions de température peuvent empêcher les produits d'ensemencement de monter jusqu'aux nuages. Les générateurs installés en haute montagne obtiendraient de bien meilleurs résultats.

Les fortes variations, apportées par un relief complexe sur le contenu en eau liquide surfondue des nuages ou sur la force et la vitesse du vent, ne facilitent ni l'identification des conditions favorables ni le choix des méthodes à utiliser ou des régions à traiter. Une compréhension encore insuffisante du transport et de la diffusion des agents d'ensemencement serait parmi les principales raisons d'échec enregistré lors de nombreuses opérations.

Plusieurs expériences de simulation numérique ont été réalisées pour tenter de résoudre ces problèmes et fournir une aide à l'organisation des opérations et à l'évaluation des résultats. Ainsi, certains scientifiques rapportent que les opérations d'ensemencement des nuages orographiques menées dans le Colorado pendant l'hiver 2003-2004 ont été simulées à l'aide d'un modèle atmosphérique couvrant à la fois la zone cible et les montagnes environnantes avec une définition de 3 km (taille du pixel ou de la maille)[38]. Il prenait en compte de façon explicite aussi bien les caractéristiques des générateurs (localisation, taux d'émission, périodes d'utilisation…), que le transport et la diffusion de l'iodure d'argent dans l'atmosphère, la nucléation des cristaux de glace et leur croissance, la formation des flocons de neige et leur chute vers le sol. Si ce modèle s'est montré parfois utile en support à l'organisation des opérations, ses résultats n'étaient pas suffisamment fiables pour une analyse de l'impact des ensemencements. Plusieurs explications ont été données à cet échec. En particulier le fait que les concentrations en noyaux de condensation et en noyaux glaçogènes naturels varient fortement d'un nuage à l'autre et ne sont pas suffisamment connues.

Simuler des nuages et des précipitations

Une méthode pour améliorer la compréhension des nuages et des précipitations est de simuler leur comportement. Dans le passé, de multiples expériences ont été menées en laboratoire dans des chambres fermées (chambres à nuage) où l'on faisait varier les conditions de température et d'humidité de façon à étudier divers processus, comme la condensation ou l'aptitude de certains aérosols à assurer la nucléation des gouttelettes de nuage ou des cristaux de glace.

Avec l'apparition d'ordinateurs puissants, on a développé des méthodes numériques performantes. La formation des nuages et des précipitations est alors simulée à l'aide des équations mathématiques qui décrivent le comportement de l'air et les changements d'états de l'eau, dans des conditions météorologiques données. Ces modèles décrivent les mouvements à des échelles de quelques centaines de mètres en tenant compte des divers processus (nucléation par les aérosols, condensation, collection, mélanges, rayonnement, etc.) qui interviennent dans les nuages. Extrêmement utiles, ils permettent de réaliser des expériences impossibles dans la nature, en particulier des expériences numériques où l'on modifie légèrement la valeur de certains paramètres pour étudier leur effet sur le comportement du nuage et des précipitations. Ils permettent aussi d'exploiter les données des campagnes d'observation et de tester la vraisemblance de certaines hypothèses.

Leur validité dépend cependant de leur capacité à représenter correctement l'atmosphère réelle. Il est donc nécessaire de comparer régulièrement leurs résultats à des observations précises effectuées dans les nuages. Ainsi, la forte synergie qui existe entre les moyens d'observation et les modèles de simulation numérique est largement exploitée pour améliorer nos connaissances du comportement des nuages et des précipitations.

Cependant, aujourd'hui, les résultats des modèles numériques sont encore limités par la compréhension insuffisante de certains mécanismes et par la performance des moyens de calcul disponibles. Une des principales difficultés est de représenter correctement la microphysique ou la turbulence tout en utilisant des méthodes qui ne demandent pas des temps de calcul prohibitifs.
Les nouveaux modèles de prévision, comme par exemple le modèle Arome de Météo-France, renseignent de façon de plus en plus fiable sur les risques d'orage ou de pluie. Ils sont cependant encore incapables de représenter de façon réaliste l'ensemble des processus microphysiques mis en jeu dans un nuage, et en particulier d'évaluer précisément l'impact des agents d'ensemencement.

Conclusions sur la méthode statique

Plusieurs expériences montrent de façon claire qu'il est possible de modifier la structure interne de certains nuages grâce à la méthode statique. Il existe de nombreux indices qui permettent de penser qu'elle pourrait favoriser les précipitations. Mais malgré les innombrables expériences qui ont été menées depuis 1946 pour tenter de l'exploiter, aucun résultat n'a permis de montrer de façon formelle son aptitude à augmenter les précipitations qui atteignent le sol. Beaucoup trop d'opérations ne se sont pas dotées des moyens permettant de comprendre les processus physiques mis en jeu. Plusieurs facteurs sont susceptibles d'expliquer une telle absence de résultats. Il n'est pas certain que les modifications observées sur des nuages comme les stratus puissent être reproduites sur des nuages plus vigoureux comme les cumulus. Il n'est pas non plus certain de trouver fréquemment des nuages qui n'attendent qu'un coup de pouce pour faire démarrer la formation de précipitations. Enfin, il n'est pas invraisemblable que les ensemencements augmentent les précipitations dans certains nuages mais les réduisent dans d'autres.

De l'analyse des expériences passées, des chercheurs en concluent que la fenêtre d'opportunité (définissant le lieu et la période d'intervention) est beaucoup plus limitée qu'initialement envisagé[39]. Ils notent que :

– si les nuages ont leur sommet à une température inférieure à – 20 °C, la concentration en noyaux glaçogènes naturels est généralement suffisante pour déclencher la croissance des précipitations par effet Bergeron ;

– si le sommet se trouve à une température supérieure à – 5 °C, les particules d'iodure d'argent sont inefficaces ;

– si le nuage a une base relativement chaude et un sommet à une température inférieure à – 5 °C, la formation des précipitations naturelles est souvent efficace vu le fort contenu en eau et l'épaisseur importante sur laquelle se développent les mouvements verticaux. Cette efficacité est encore accrue si les aérosols naturels ont un caractère maritime.

Finalement, seuls les nuages ayant un caractère continental, une base relativement froide, un sommet compris entre – 10 et – 20 °C et une faible concentration en particules de glace seraient susceptibles de réagir de façon bénéfique à la méthode statique. La période pendant laquelle il est possible d'opérer représenterait elle aussi une contrainte : il serait important de n'intervenir ni trop tôt ni trop tard sur des nuages dont la durée de vie dépasse rarement quelques dizaines de minutes. Ces considérations expliqueraient, au moins en partie, la disparité des résultats obtenus.

Faire grossir les nuages : la « méthode dynamique »

La congélation des gouttes d'eau liquide surfondue libère d'importantes quantités de chaleur qui réchauffent l'atmosphère et peuvent renforcer les courants ascendants dans les nuages. Dans des conditions favorables, les nuages deviennent ainsi plus gros, transportent plus de vapeur d'eau et fournissent plus de précipitations. Les courants descendants sont plus intenses. Les coups de vent au sol, plus forts, favoriseraient ainsi la naissance de nouveaux nuages. Pour tirer profit de ces processus certaines opérations cherchent à provoquer une glaciation massive des cumulus non précipitants en y introduisant de grandes quantités de réfrigérants (neige carbonique, azote liquide…) ou de noyaux glaçogènes (iodure d'argent…). Contrairement à la « méthode statique », qui s'attaquait à la microstructure des nuages, cette technique, que nous avons déjà nommée « méthode dynamique », vise à libérer de grandes quantités d'énergie et à modifier les mouvements de l'air.

Parmi les nombreuses tentatives faites sur des cumulus isolés, certaines auraient donné des résultats positifs et permis l'observation d'une croissance explosive de ces nuages peu de temps après leur ensemencement. Déjà, en 1947, en Australie, des scientifiques rapportaient un tel cas après avoir ensemencé un nuage avec 70 kg de neige carbonique[40]. Les premiers échos radar furent détectés cinq minutes plus tard. Au bout de 13 minutes, le sommet du nuage qui se trouvait initialement à 7 000 mètres d'altitude était monté de plus de 2 000 mètres. De fortes précipitations prenaient place au bout de 20 minutes, alors que le radar ne signalait aucune autre précipitation dans un rayon de plus de 100 kilomètres. Ce résultat fut attribué à une glaciation massive du sommet du nuage, sous des conditions particulièrement favorables. Cependant, des réactions aussi spectaculaires sont rares et l'appréciation des résultats reste souvent subjective puisqu'il n'est jamais possible de savoir comment le nuage se serait développé de façon naturelle.

Entre 1966 et 1972, pendant la guerre du Vietnam, les militaires américains ont organisé des opérations dont l'objectif était d'augmenter la pluie pour réduire le trafic ennemi et limiter l'infiltration des Vietnamiens du nord par la frontière avec le Laos[41].

La première phase comportait un programme de recherche, le projet *Popeye*. Elle fut réalisée en 1966 pour évaluer la possibilité d'augmenter les précipitations naturelles et d'étendre la saison des pluies au-delà de la période de mousson. Les ensemencements furent effectués avec des fumées d'iodure d'argent émises à partir de cinq avions, dans des régions des nuages où la température est comprise entre – 5 °C et – 20 °C. Quatre types de générateurs d'iodure d'argent étaient disponibles. Ils pouvaient fonctionner depuis une installation au sol, montés sur avion, ou projetés depuis un avion volant hors des nuages. 85 % des cumulus ensemencés auraient réagi favorablement en devenant six à dix fois plus gros que les nuages non ensemencés, en moins de 10 minutes. Ils auraient aussi été deux fois plus nombreux à fournir des précipitations.

Les résultats du projet ayant été validés, la phase opérationnelle a démarré le 20 mars 1967 sur une partie du Laos, du Vietnam et du Cambodge. Elle s'est poursuivie jusqu'au 5 juillet 1972. En absence de tout contrôle autre que l'observation visuelle des nuages et du comptage des déplacements effectués par les troupes ennemies, l'efficacité réelle des opérations n'a pu être évaluée.

En Floride, aux États-Unis, une série d'expériences a été conduite entre 1968 et 1973. La première, *Face*-1, a mis en évidence un doublement des précipitations fournies par les gros cumulus ensemencés[42]. Les raisons de cette augmentation ont été essentiellement associées à l'augmentation de taille et de durée de vie des nuages plutôt qu'à une augmentation de l'intensité des précipitations. La seconde expérience, *Face*-2, tenta vainement de reproduire et de confirmer les résultats de la première. Cet échec, difficile à expliquer, a montré notre incompréhension de la chaîne des processus qui interviennent dans ces nuages entre l'ensemencement et la formation des précipitations.

Une autre expérience menée au Texas (États-Unis) entre 1986 et 1994 a suggéré que les ensemencements réalisés avec de l'iodure d'argent avaient augmenté la hauteur des nuages d'environ 7 %, leur surface de 43 %, leur durée de 36 % et les quantités de précipitation de 130 %[43]. Ces résultats confirmaient les espoirs mis sur la méthode, mais l'augmentation de hauteur des nuages observée était beaucoup plus faible qu'attendue sur la foi des hypothèses et des résultats rapportés à l'issue d'autres expériences. Pour expliquer cet écart, les chercheurs ont suggéré un impact des ensemencements tendant à retarder la formation des courants descendants associés aux précipitations et à renforcer leur intensité. Ces derniers pourraient ainsi jouer un rôle important sur la durée et l'étendue des conditions favorables au développement et à la persistance des nuages.

Une expérience a alors été menée en Thaïlande entre 1994 et 1998 pour valider ce nouveau schéma. Contrairement aux hypothèses formulées, les mesures radar n'ont mis en évidence aucune augmentation des précipitations dans les nuages ensemencés, ni aucun délai supplémentaire dans la formation des courants descendants. Un renforcement du volume des précipitations, évalué à partir des radars, a cependant été enregistré deux heures après le début des ensemencements, ce qui correspondait aussi approximativement au moment d'arrêt des opérations. La différence entre les quantités de précipitation enregistrées pendant les situations ensemencées et pendant les situations non ensemencées a ensuite augmenté lentement pour atteindre un maximum au bout de 6 heures.

En 2000, des scientifiques font remarquer que dans les expériences ayant observé un développement vertical important des nuages ensemencés, comme *Face*, l'altitude des sommets était évaluée visuellement à partir d'avions volant à leur niveau[44]. Dans les expériences mises en place au Texas et en Thaïlande, l'évaluation était réalisée à partir de mesures radar. Or les radars utilisés (5 et 10 cm de longueur d'onde) détectent surtout les régions où se trouvent des précipitations, ils ne voient pas l'ensemble des nuages car ils détectent mal les petites gouttes et encore plus mal les petits cristaux de glace. Ainsi, dans ce cas, la différence d'altitude entre nuages naturels et nuages ensemencés peut être fortement sous-estimée surtout si ces derniers ont, comme le prévoient les hypothèses, subi une glaciation massive.

En conclusion, plusieurs observations ont confirmé la glaciation de nuages ensemencés de façon massive ou l'élévation de leur sommet, mais les observations ne sont pas toujours cohérentes et aucun modèle conceptuel n'a encore permis d'expliquer l'éventail des résultats obtenus sur le terrain. L'efficacité de la méthode dynamique pour augmenter la pluie dans une région donnée reste à démontrer.

Plusieurs raisons expliqueraient au moins en partie ces échecs. On peut par exemple, remarquer que le développement des nuages est limité par les caractéristiques de leur environnement. Les situations, dans lesquelles les quantités de chaleur libérées par congélation pourraient fournir au nuage une nouvelle impulsion significative, ne sont pas fréquentes. Par ailleurs, la relation reliant la taille d'un nuage et son aptitude à fournir des précipitations n'est pas aussi directe qu'on a bien voulu le croire. Enfin, s'il parvient à favoriser la congélation d'un maximum de gouttes surfondues, l'ensemencement massif augmente alors de façon notable le nombre des cristaux qui vont devoir se partager l'eau disponible, ce qui peut fortement limiter leur croissance et empêcher les précipitations de se former.

Conclusions sur les tentatives pour augmenter les précipitations

Après avoir analysé les principales expériences qui se sont déroulées pour tenter d'augmenter les précipitations, nos conclusions sur les possibilités de modifier les différents types de nuages rejoignent celles du groupe d'experts de l'OMM[45].

À propos des systèmes nuageux orographiques en phase mixte

En l'état actuel de nos connaissances, on estime que l'ensemencement glaçogène des nuages en phase mixte qui se forment par soulèvement de l'air au-dessus des montagnes offre les meilleures perspectives d'augmentation économiquement viable des précipitations. Ces nuages suscitent un vif intérêt parce que l'eau que l'on pourrait en extraire serait facilement exploitable. On pourrait la stocker dans des réservoirs ou dans les manteaux neigeux en altitude. Il a été montré statistiquement que, dans certaines conditions, les précipitations des nuages orographiques surfondus pouvaient être augmentées avec les techniques actuelles de modification artificielle du temps.

Des mesures effectuées sur le terrain et corroborées par des simulations numériques ont montré qu'il y avait des quantités d'eau surfondue suffisantes pour expliquer cette augmentation et qu'il serait possible d'exploiter cette ressource à condition de recourir à des techniques d'ensemencement adaptées. Les processus conduisant à une augmentation des précipitations ont parfois été observés à l'occasion d'expériences d'ensemencement limitées dans le temps et l'espace. Bien que ces observations étayent les résultats des analyses statistiques, leur portée est encore limitée. Les relations de cause à effet n'ont pas encore été pleinement mises en évidence.

Le problème n'est pas résolu. Il faut encore confirmer les résultats et démontrer, par des éléments de preuve statistiques et physiques plus tangibles, que des augmentations peuvent être produites sur la zone cible pendant une longue période, mais aussi évaluer la présence d'éventuels effets secondaires dans les régions avoisinantes. Les méthodes actuelles devront être améliorées pour identifier les conditions favorables et les régions à ensemencer, mais aussi les circonstances où il est contre-indiqué d'intervenir, de façon à optimiser la technique et à réduire à la fois les risques d'effets incontrôlés et le coût des opérations.

Il faut reconnaître que la conduite d'une expérience ou d'une opération est un exercice complexe qui exige un personnel scientifique et opérationnel très qualifié. Il est aussi difficile de faire parvenir l'agent d'ensemencement à l'endroit adéquat à partir de générateurs au sol ou en le répandant massivement depuis un avion au vent d'un système de nuages orographiques. L'identification précise d'importantes quantités d'eau liquide surfondue et la possibilité de les atteindre avec des agents d'ensemencements malgré des vents souvent irréguliers, sont critiques pour le succès de ces expériences et représentent le plus souvent un challenge.

À propos des systèmes nuageux d'échelle synoptique

Certains nuages stratiformes peuvent couvrir plusieurs centaines, voire plusieurs milliers de kilomètres, on parle alors d'échelle synoptique. L'ensemencement de nuages stratiformes froids a ouvert l'ère moderne de la modification artificielle du temps. Il est possible, dans certaines conditions, de provoquer la précipitation de nuages stratiformes peu épais, ce qui dégage souvent le ciel de la région ensemencée.

Les systèmes nuageux associés aux systèmes frontaux des latitudes tempérées peuvent contenir de l'eau surfondue. Quand ils passent au-dessus de massifs montagneux, les quantités d'eau liquide surfondue peuvent augmenter, conduisant à des conditions favorables aux ensemencements.

Des expériences sur le terrain et des simulations numériques ont confirmé la présence d'eau surfondue dans certaines parties de ces nuages et mis en évidence la possibilité d'en augmenter les précipitations.

À propos des nuages cumuliformes

Dans de nombreuses régions du monde, les nuages cumuliformes (ou nuages convectifs) sont les principaux producteurs de précipitations. Ils se caractérisent par de fortes vitesses verticales et des taux de condensation élevés. Ce sont les nuages qui renferment les plus grandes quantités d'eau condensée et qui produisent les précipitations les plus intenses. À ce jour, les expériences d'ensemencement de ces nuages ont donné des résultats variés qui sont, au moins en partie, dus à leur forte variabilité naturelle.

Parce que les nuages cumuliformes se développent dans diverses conditions météorologiques, leurs précipitations peuvent résulter aussi bien de la collection de gouttelettes (nuages chauds), que de la croissance de cristaux de glace (nuages froids) ou d'une combinaison des deux (nuages en phase mixte). Ainsi, les techniques hygroscopiques et glaçogènes peuvent être envisagées pour tenter de modifier ce type de nuage. Leur évaluation a été réalisée à l'aide de mesures directes de la pluviométrie au sol et d'estimations indirectes fournies par les radars. Les pluies produites par les nuages cumuliformes présentent des caractéristiques spatiales et temporelles complexes qu'il est difficile d'apprécier avec de simples réseaux de pluviomètres.

Une analyse des expériences passées montre que les réponses aux ensemencements semblent dépendre des caractéristiques des nuages et sont parfois incompatibles avec les hypothèses sous-tendant les techniques mises en œuvre. Les expériences, mettant en jeu des ensemencements glaçogènes massifs dans des nuages convectifs dont la base se trouvait à des températures supérieures à + 10 °C, ont produit des résultats mitigés. Par dégagement de chaleur latente additionnelle, elles visaient à stimuler les courants d'air ascendants censés alors accroître les précipitations. Certaines de ces expériences ont suggéré un effet positif sur des nuages convectifs composés d'une ascendance d'air unique (encore nommés nuages monocellulaires). Toutefois, il reste à prouver que ce type d'ensemencement peut induire une augmentation des précipitations dans les formations multicellulaires où plusieurs ascendances prennent successivement le relais pour assurer la persistance du système nuageux. En effet, de nombreux maillons de la chaîne événementielle supposée n'ont pas été mis suffisamment en évidence par des observations ou confirmés par des simulations numériques.

Ces dernières années, l'ensemencement des nuages convectifs, chauds ou froids, à l'aide de substances hygroscopiques pour stimuler les processus de formation de la pluie (condensation/collision-coalescence/éclatement) a reçu un regain d'attention qui s'est manifesté à travers des expériences de simulations numériques et des opérations sur le terrain.

Deux méthodes de stimulation des processus de formation des pluies chaudes ont été examinées. La première consiste à injecter dans le nuage de petites particules (des noyaux de condensation artificiels dont le diamètre moyen varie entre 0,5 et 1,0 micromètre) pour accélérer la formation des précipitations en stimulant les processus de condensation-coalescence grâce à une modification du spectre initial de taille des gouttelettes situées à la base des nuages. La seconde consiste à injecter des particules hygroscopiques plus grosses (environ 30 micromètres de diamètre) pour accélérer le développement des précipitations en stimulant les processus de collision-coalescence. Une expérience récente, utilisant cette seconde technique, a mis en évidence une augmentation statistique des précipitations estimées par radar. Toutefois, ces résultats n'étaient pas en accord avec les effets attendus et semblent intervenir plus tard que prévu (une à quatre heures après l'ensemencement). On ignore encore les raisons exactes de ce comportement apparent.

Une augmentation des précipitations estimées par radar a aussi été mise en évidence statistiquement à l'occasion d'expériences récentes réalisées à l'aide de fumigènes produisant de minuscules (0,5 à 1,0 micromètre de diamètre) particules hygroscopiques dans les ascendances des nuages convectifs continentaux en phase mixte. Ces expériences ont été conduites dans différentes régions du monde et il est intéressant de constater que l'on trouve partout les mêmes résultats statistiques. En outre, quelques mesures physiques suggèrent que les ensemencements ont élargi le spectre de taille des gouttelettes près de la base des nuages, entraînant ainsi la formation de grosses gouttes en début de vie du nuage. Ces résultats ont été étayés par des simulations numériques.

Ces résultats encourageants soulèvent toutefois de nombreuses questions car ils ne sont pas en accord avec les effets attendus. On ignore encore les raisons de la durée des effets observés après les ensemencements hygroscopiques, et quelques questions fondamentales demeurent. L'observation des éléments clés de la chaîne des processus qui suivent les ensemencements hygroscopiques est nécessaire si l'on veut confirmer la validité des modèles conceptuels et le degré d'efficacité des techniques pour augmenter les précipitations engendrées par les nuages convectifs chauds ou en phase mixte.

Bien que l'augmentation des précipitations estimées par radar ait été statistiquement établie dans des nuages isolés, aussi bien avec des techniques d'ensemencement glaçogène qu'hygroscopique, il n'est pas prouvé que leur emploi entraîne une augmentation des précipitations économiquement viables sur de larges régions.

Sacrifices et prières pour la pluie.
Pour que tombe la pluie ou que cessent les vents tempétueux, l'Homme était prêt à toutes les prières, à tous les sacrifices. Les Égyptiens faisaient des offrandes. Les Aztèques sacrifiaient leurs enfants aux dieux Tlaloques (*photo du haut*) et à la déesse Ouich Tilo PotchliMatlalcueilt. En France, on eut recours aux cloches pour éloigner le mauvais grain (*photo du bas*). Jusqu'à ce que la démarche scientifique se développe, que l'Homme passe de l'observation à l'expérimentation et tire profit des lois de la physique pour tenter d'agir directement sur les phénomènes qui le menacent. (© *h.* J.-P. Chalon/Météo-France, *b.* iStockphoto/Thinkstock.)

Des radars pour observer les nuages et les précipitations.
Le radar détecte et localise les gouttes d'eau et les cristaux de glace dans les nuages, il permet ainsi d'observer et de comprendre leur évolution et leur comportement. Il est particulièrement adapté pour piloter les opérations de modification artificielle du temps et tenter d'en évaluer les impacts. (© NOAA Photo Library, NOAA Central Library ; OAR/ERL/NSSL.)

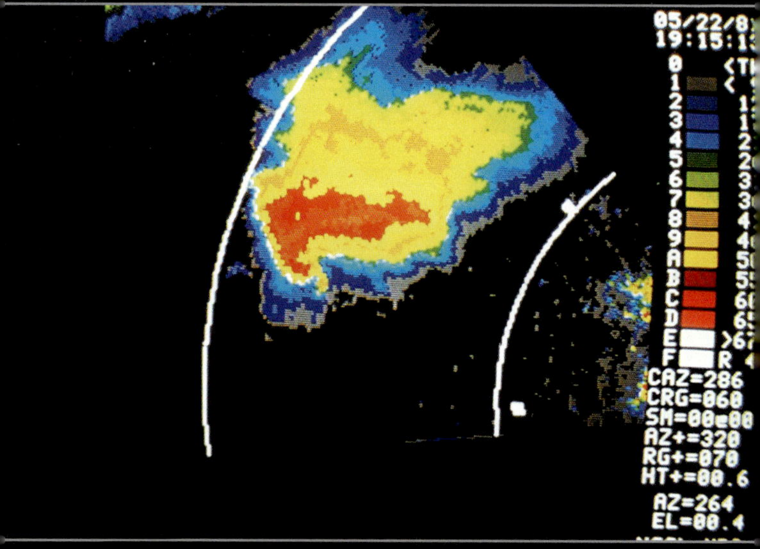

Réception d'un signal par le radar.
Ce signal particulièrement intense indique la présence de fortes averses de pluie et de grêle. La structure en forme de crochet est caractéristique des nuages les plus violents : les orages supercellulaires. Les opérations d'ensemencement artificiel devraient éviter d'intervenir dans de tels nuages car elles présentent le risque d'augmenter encore le nombre de gros grêlons et d'aggraver ainsi les effets combattus. (© NOAA Photo Library, NOAA Central Library ; OAR/ERL/NSSL.)

Des avions pour pénétrer au cœur des orages et des cyclones.
Les avions spécialement instrumentés permettent d'approcher ou de pénétrer les nuages pour effectuer des mesures plus précises et des prélèvements d'air, d'aérosols, de gouttelettes d'eau ou de particules de glace. Ils peuvent aussi transporter des instruments de télédétection et collecter des données avec une meilleure résolution que depuis le sol, ou être utilisés pour ensemencer les nuages avec des noyaux de condensation ou congélation artificiels.
En haut: le WP-3D Orion de l'Administration océanique et atmosphérique nationale des États-Unis (NOAA), équipé pour pénétrer les orages les plus violents ou les cyclones tropicaux. (© NOAA.)
En bas: l'avion de recherche instrumenté ATR42 de l'unité SAFIRE (Service des avions français instrumentés pour la recherche en environnement), une unité mixte de services du CNRS, de Météo-France et du CNES. (© Météo-France/ Pascal Taburet.)

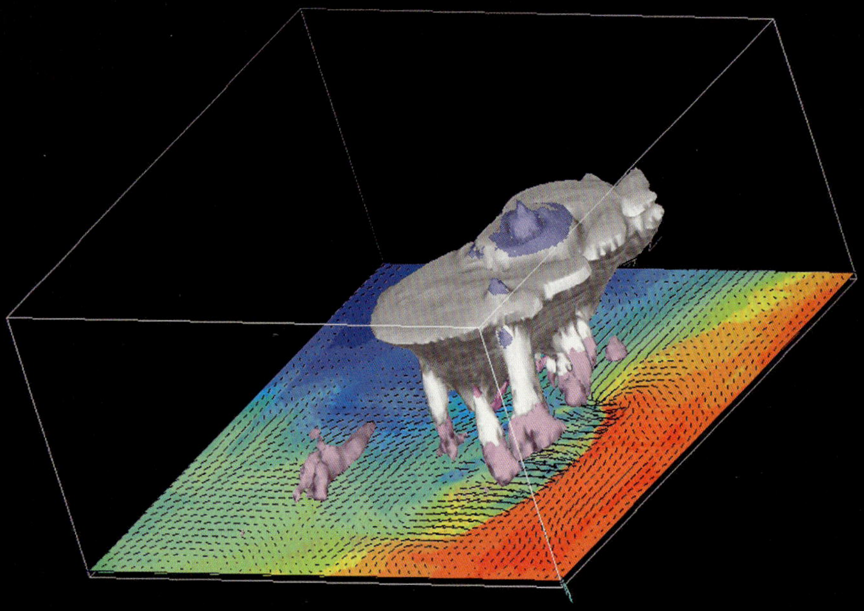

Simulation d'une formation orageuse en ligne sur l'Île-de-France, par le modèle Arome de Météo-France. Le volume représenté ici s'étend sur 200 km de côté et 20 km de haut.
En utilisant les équations mathématiques qui décrivent les mouvements de l'air et les changements d'états de l'eau, les modèles numériques simulent le comportement des nuages et des précipitations et renseignent de façon de plus en plus fiable sur les risques d'orage ou de pluie. Les modèles développés pour la recherche testent, à partir de données récoltées, la vraisemblance de certaines hypothèses. Mais les résultats sont encore limités par la compréhension insuffisante de certains mécanismes et par la performance des moyens de calcul disponibles. Il est aujourd'hui impossible de représenter de façon totalement réaliste l'ensemble des processus microphysiques mis en jeu dans un nuage et d'évaluer précisément l'impact des agents d'ensemencement. (© Météo-France/ CNRM-GAME.)

Un nuage dense et puissant : le cumulonimbus.
En forme de montagne ou d'énorme tour, le cumulonimbus a une épaisseu considérable, parfois supérieure à 15 km. Une partie de sa région supérieure est lisse, fibreuse ou striée, et aplatie, elle s'étale souvent en forme d'enclume ou de vaste panache. Le cumulonimbus est généralement accompagné d'éclairs, de tonnerre et d'averses de pluie ou de grêle. Il peut aussi donner lieu à des coups de vent violents et éventuellement à des tornades. Sa puissance est telle qu'il serai irréaliste pour les opérations de modification artificielle du temps d'intervenir au niveau des énergies mises en jeu. Les opérateurs tenteront plutôt de rechercher des endroits où pourrait régner un équilibre instable telle qu'une faible perturbation modifie fortement l'évolution naturelle du nuage. (© Alain Bénéteau.)

La grêle, un fléau redouté.

La grêle a des effets catastrophiques sur les cultures, mais aussi sur l'ensemble de équipements extérieurs, les avions, les voitures ou les immeubles. En France, le chutes de grêle n'épargnent aucune région. En dépit des difficultés rencontrées e de résultats souvent contrastés, des opérations sont régulièrement conduites dan plusieurs départements de la métropole, dès les premiers orages de printemp et durant tout l'été, une période particulièrement propice aux chutes de grêl dévastatrices.

En haut : orage de grêle sur Toulouse, le 15 mai 2008. (© Météo-France/Gérard Rey.

En bas : un grêlon de taille imposante (14, 5 cm, Kensas, 1970). Cette coup montre des couches de teintes alternées qui mettent en évidence les condition

La foudre, les éclairs et le tonnerre : la colère des dieux.
La foudre est une décharge électrique, sa manifestation visible est l'éclair, sa manifestation acoustique est le tonnerre. En France, elle tue chaque année plus d'une vingtaine de personnes et quelque 20 000 têtes de bétail. Elle est aussi responsable de 17 000 incendies et d'importants dégâts sur les matériels électriques et électroniques.
Comment empêcher les décharges de se produire ? En ensemençant les foyers orageux à l'aide de paillettes de plastique métallisé pour réduire les champs électriques au sein des orages ? En provoquant le déclenchement précoce de la foudre à l'aide de lasers à forte puissance ? Ou encore en utilisant des fusées déroulant derrière elles un fil métallique servant de paratonnerre ? (© Stockbyte/Thinkstock.)

Les cyclones tropicaux : des vents violents qui cassent tout sur leur passage. Les cyclones tropicaux sont composés d'une bande de cellules convectives qui s'enroule en spirale autour d'une partie centrale, plus calme : l'œil du cyclone. Les plus développés peuvent atteindre 400 ou 500 km de diamètre et sont redoutés en raison de leurs pluies torrentielles et de leurs vents violents (pouvant souffler à plus de 250 km/h). Ils font chaque année des milliers de victimes. De nombreux projets ont eu pour objectifs de les détourner ou de les dissiper. Mais l'Homme est-il armé pour lutter contre de tels monstres ?

En haut : ouragan Katrina, le 28 août 2005, traversant le golfe du Mexique où il a atteint la force 5 dans l'échelle de Saffir-Simpson avec des vents estimés à 280 km/h. Le 29 août, il atterrissait en Louisiane où il provoquât plus de 1 800 décès et des dégâts supérieurs à 80 milliards de dollars. (© NOAA.)

Ci-contre : image 3D de l'ouragan Diana obtenue à partir des données du satellite TIROS-N, le 11 september 1984. (© Space collection NOAA.)

Chapitre 4

Réduire les précipitations de grêle

La grêle est un fléau particulièrement redouté qui a des effets catastrophiques non seulement sur les cultures, mais aussi sur l'ensemble des équipements extérieurs, les avions, les voitures ou les immeubles.

En France, les chutes de grêle n'épargnent aucune région et surviennent en n'importe quelle saison. Cependant les précipitations les plus destructrices se produisent le plus souvent entre les mois de mai et de septembre. Les dégâts annuels moyens seraient compris entre 500 et 600 millions d'euros, mais atteignent voire dépassent le milliard d'euros certaines années particulièrement grêligènes. D'après l'Association nationale d'étude et de lutte contre les fléaux atmosphériques (Anelfa), sur la période 1999-2005, les assureurs auraient versé en moyenne chaque année 161 millions d'euros d'indemnités pour les récoltes. Comme seulement environ un tiers des cultures est assuré contre la grêle, on évalue à un demi-milliard d'euros le tribut annuel de la grêle à l'agriculture française. Si ces pertes ne représentent qu'environ 1,5 % de la production végétale française, elles peuvent avoir des conséquences économiques graves à l'échelle d'une exploitation, d'une commune ou d'un département. Ainsi, la grêle est ressentie très durement par les agriculteurs qui peuvent voir l'intégralité de leurs efforts anéantis en une seule précipitation.

Caractéristiques des chutes de grêle

Les mesures effectuées dans 79 stations du réseau d'observation de Météo-France ont recensé 7 653 jours avec chutes de grêle entre 1961 et 1995[1]. La moyenne est de 2,8 jours par station et par an. La grande majorité des chutes se produit en fin d'hiver et au printemps. Ainsi, les hivers comptabilisent en moyenne 29 % des cas et le printemps 44 %, alors que l'été et l'automne ne dépassent pas 13 % et 14 % respectivement. Le mois de mars avec ses « giboulées » est incontestablement le mois le plus grêligène. Le nombre de chute de grêle est maximum dans l'Ouest du pays et diminue lorsqu'on se déplace vers le Sud-Est. La moyenne annuelle présente ainsi un maximum de 10 jours à Brest et un minimum de 0,43 jour au Cap Béar dans les Pyrénées Orientales.

Cependant, les chutes d'hiver et de printemps sont généralement accompagnées de grêlons de petite taille qui provoquent peu de dégâts. Les chutes les plus dévastatrices se produisent l'été, d'une part parce qu'elles sont accompagnées de plus gros grêlons, mais aussi parce qu'elles correspondent à une période de plus grande sensibilité des cultures. 95 % des indemnités versées par les assurances au titre du risque grêle correspondent à la période comprise entre mai et septembre. L'été, les chutes sont surtout concentrées au sud d'une ligne reliant Bayonne à Metz ; il ne grêle pratiquement jamais l'été à Brest, alors que le Sud-ouest, le Nord-est, le Lyonnais et les Alpes du Sud sont fréquemment touchés. Entre mai et septembre, il grêle en moyenne un jour sur trois. La plupart des situations orageuses d'été donnent de la grêle quelque part en France.

Les chutes de grêle concernent le plus souvent de petites surfaces de quelques dizaines de kilomètres carrés dont la localisation est extrêmement difficile à observer et à prévoir, même avec les moyens les plus élaborés. Ainsi, si l'on possède une bonne climatologie de leurs caractéristiques dans les régions sensibles, comme les régions agricoles et les zones urbaines, les informations disponibles dans les régions boisées ou montagneuses sont beaucoup plus réduites. En France, la connaissance des caractéristiques de la grêle doit beaucoup aux mesures des stations météorologiques et des radars du réseau de Météo-France, mais aussi à la surveillance et aux données collectées depuis de nombreuses années par des associations comme le Groupement national d'étude des fléaux atmosphériques (Gnefa), l'Association nationale d'étude et de lutte contre les fléaux atmosphériques (Anelfa) ou l'Association climatologique de Moyenne-Garonne (ACMG). Grâce à l'installation et à la maintenance de réseaux de grêlimètres – des plaques déformables (polystyrène, feuilles d'aluminium...) soumises à l'impact des précipitations – ces associations ont réalisé de nombreuses mesures du nombre, de la taille et de l'énergie des grêlons composant les chutes de grêle, ainsi que leur répartition spatiale.

Une chute de grêle moyenne dure environ 15 minutes et recouvre 15 km^2 de 1 000 tonnes de grêle contenant 5 milliards de grêlons de dimension inférieure à 10 mm, soit 300 à 400 grêlons au m^2. Mais ce nombre peut parfois atteindre, voire dépasser, 20 000 au m^2 et, de façon exceptionnelle [2], la surface grêlée peut atteindre 500 km^2. Les systèmes ou orages les plus violents (supercellules) ne sont pas très fréquents (un à deux par an en moyenne), mais provoquent 50 à 80 % des dégâts associés aux chutes de grêle.

Un grêlon est une particule de glace sphéroïdale, conique ou irrégulière. Selon les conditions rencontrées pendant sa formation, il est composé de glace claire, de glace opaque, ou de couches alternativement claires ou opaques (voir photographie). On raconte aussi qu'à l'intérieur de grêlons on aurait trouvé les objets les plus divers, des insectes ou des animaux comme deux grenouilles gelées (le 16 juin 1882, dans l'Iowa) ou une tortue (en 1984, dans l'État du Mississipi).

La taille des grêlons varie le plus souvent entre 5 et 50 millimètres. En dessous, on parle de neige roulée ou de grésil, mais des grêlons beaucoup plus gros ont aussi été observés. Au moment où j'écris ce livre, le record du plus grand diamètre revient à un grêlon de 20,3 cm (la taille d'un melon), tombé à Vivian dans le Dakota, aux États-Unis, le 23 juillet 2010. Avec une masse de 879 g, il n'est cependant pas le plus lourd, le record mondial reviendrait à un grêlon de 1,02 kg tombé à Gopalganj, au Bangladesh, le 14 avril 1986. Des particules de glace encore plus grosses (2 kg à Cordoue en Espagne en 1829 ou 1,9 kg au Kazakhstan en 1959 et 972 grammes près de Strasbourg le 11 août 1958) ont été décrites. Mais il s'agissait probablement d'agrégats de plusieurs grêlons et non de grêlons uniques, car les caractéristiques des nuages ne permettent pas d'expliquer la formation de grêlons de ce poids. Sur le sol les grêlons peuvent se souder comme le font les glaçons qui sont mis en contact lorsque la température est suffisamment basse.

Les plus gros grêlons tombent comme des projectiles à plus de 150 kilomètres à l'heure et sont capables de tuer des personnes et des animaux ou de détruire les toits et les voitures. Ils hachent la végétation, détruisent les jeunes pousses, rendent les fruits impropres à la vente.

Les premières expériences de lutte anti-grêle

De nombreuses expériences se sont développées pour tenter de réduire cette violence. La période 1896-1905 a vu l'essor des canons paragrêles (ou grêlifuges). On doit cette invention à

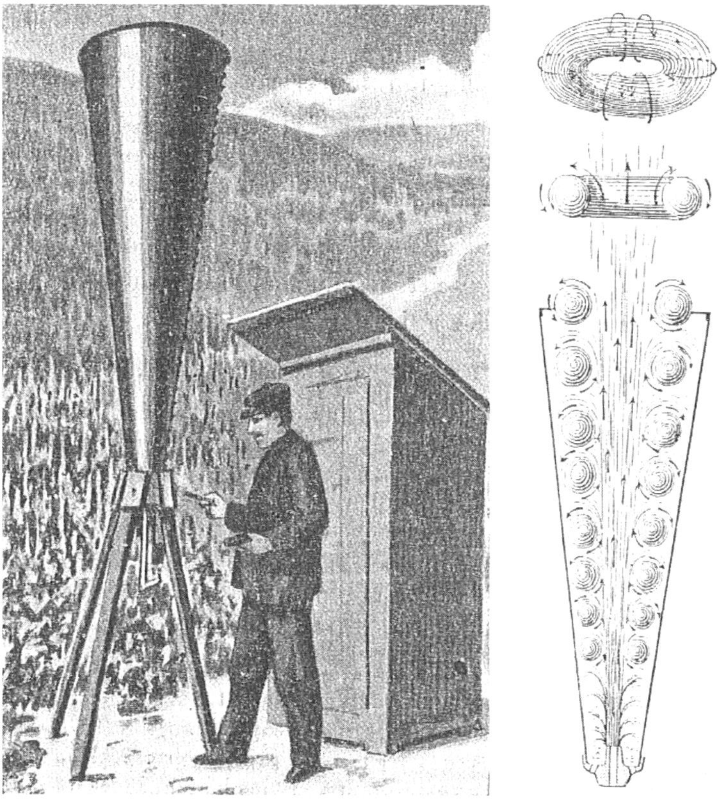

À gauche, poste de tir contre la grêle. À droite, formation d'un projectile gazeux en forme de tore. (D'après J.R. Plumandon[3], 1901, pp. 17 et 21.)

M. Stiger, un viticulteur et bourgmestre autrichien qui voulait protéger ses vignes et plaire à ses électeurs. La plupart de ces canons étaient composés d'un entonnoir de 2 à 4 mètres de haut. Le bruit provoqué par l'explosion des charges de poudre était destiné à produire un tremblement de l'air supposé se déplacer sous forme d'un projectile gazeux en forme de tore. Selon les opérateurs, celui-ci montait alors en sifflant pour perturber les régions où se forment les grêlons. La méthode paraissait d'autant plus sérieuse qu'elle était décrite par des procédures très précises. Tout était méticuleusement défini : aussi bien les modes opératoires que l'organisation en réseau de canons de différents types ou le type d'explosif à utiliser. Chaque canon était supposé protéger une surface de 20 hectares, soit un cercle de rayon de 250 à 260 mètres. Il était surtout réservé à la protection des régions viticoles. Cette magnifique invention avait tout de même des limites : pour protéger l'ensemble du territoire français, il aurait fallu près de 3 millions de canons.

Pourtant les partisans ne désarment pas ! L'optimisme atteint son apogée en 1898 après l'observation de deux années peu grêligènes sur les lieux d'expérimentation. Des milliers de canons sont alors installés en Europe et plus particulièrement en Autriche, en France et en Italie où, en 1900, on en compte plus de 15 000. Il existait environ soixante différents modèles dont le plus gros pesait 9 000 kg et mesurait 9 mètres de long. C'est aussi à cette époque que l'on commence à utiliser le canon à acétylène, dans lequel une étincelle électrique fait détoner un mélange d'air et d'acétylène[4].

Le besoin de sauver les récoltes et l'engouement pour la méthode étaient alors si forts que l'esprit critique en pâtissait. Toutes les observations étaient interprétées favorablement et les rapports ne signalaient que des succès. Si aucune grêle ne tombait sur les régions protégées, c'était grâce aux canons, si la grêle tombait malgré tout, on en déduisait qu'on l'avait échappé belle et que sans les canons les quantités auraient été bien plus importantes et plus destructrices. Et si les quantités de grêle tombées sur les régions protégées étaient vraiment très importantes, elles étaient alors attribuées à une mauvaise utilisation de la méthode ou des moyens : les canons avaient dû mal fonctionner, tirer trop tôt ou trop tard, ou n'étaient pas assez nombreux, les munitions avaient dû manquer, les artilleurs devaient être inexpérimentés... Les premières conférences sur la suppression de la grêle qui furent organisées en Italie à Casale en 1899 (600 participants), et à Padoue en 1900 (1 600 participants) validèrent ces résultats, malgré le scepticisme de quelques scientifiques, la courte durée des expériences et le faible nombre d'observations.

Expositions de canons anti-grêle. au début du XXe siècle. (En haut : d'après J.R. Plumandon[3], p. 12 ; en bas : Archives de l'École nationale supérieure d'agriculture de Montpellier.)

Mais les espoirs s'évanouirent lorsque, entre 1902 et 1904, de sévères orages de grêle détruisirent une grande partie des cultures protégées. Peu à peu, la méthode fut abandonnée.

Elle avait causé quelques graves accidents : pendant la seule année 1900, on compta 11 morts et 60 blessés graves dus aux explosions accidentelles[5]. Le préfet de Venise dut interdire ce type d'opérations qui, à défaut d'avoir sauvé les récoltes, avaient fait 5 morts et 30 blessés graves dans la Vénétie et la Lombardie[6].

Les vibrations, provoquées par le bruit des canons sous forme de tourbillons d'air, étaient supposées empêcher les grêlons durs de se former et les remplacer par des grêlons mous ou encore remplacer la grêle par de la pluie ou de la neige. On expérimenta des canons à poudre de divers calibres et des canons à acétylène dont le plus gros avait une âme de 14 mètres. Mais, des études balistiques réalisées à cette époque montrèrent que la portée des tourbillons n'atteignait pas 400 mètres, une distance bien trop faible pour qu'ils puissent rejoindre les régions des nuages où se forment les grêlons. Écoutons T. Moreux[7] (1912) : « *On contrôla la vitesse du projectile (gazeux) : très grande au début, cette vitesse diminue très vite, la couronne produite s'amollit et déjà, à une distance de 100 mètres du canon, elle obéit aux premières influences qu'elle rencontre, flottant en définitive, sans force dans l'atmosphère. Dans ces conditions, comment admettre l'influence de telles couronnes qui n'atteignent pas 300 mètres sur des nuages qui sont beaucoup plus haut ? La base des cumulonimbus se trouve rarement à moins de 1 000 mètres d'altitude et la région de formation des grêlons se trouve au-dessus de 3 000 mètres. À Cardenon, le 28 juin 1900, les stations de tir avaient persisté à tirer contre les nuages, jusqu'à ce que les entonnoirs des canons eussent été remplis de grêlons.* »

Après la guerre de 1914-18, ce sont les canons d'artillerie de DCA de l'armée qui ont servi à de telles opérations, envoyant des centaines d'obus dans les nuages : une façon de recycler le matériel militaire. Mais les éclats d'obus en acier présentaient des dangers importants pour les populations avoisinantes et le coût des opérations s'est rapidement avéré prohibitif.

On testa ensuite les fusées porte-pétards explosant à des altitudes proches de 1 000 mètres, et on réhabilita l'utilisation de ballons. Ces derniers pouvant emporter des charges que l'on faisait exploser à une plus haute altitude. Puis, vers 1937, on transportera les charges d'explosif à l'aide d'avions.

Le général F. Ruby rapporte : « *En 1937, nous avons expérimenté un mode d'attaque qui nous a paru plus puissant et plus efficace. C'est l'attaque du nuage à la bombe d'avion dans sa partie la plus dangereuse, au sommet de la zone surfondue. L'avion survolant le nuage y laisse tomber des bombes de 3 à 5 kg de cheddite, éclatant avec un retard de 7 à 15 secondes, soit à 300 ou 500 mètres au-dessous de lui. Une douzaine de bombes de cette puissance devait produire une action énergétique sur la surfusion et les tourbillons.*

Les avions utilisés étaient des avions de guerre, Potez 25 et Breguet 27, pouvant atteindre 6 000 m. Les bombes étaient portées par des lance-bombes ordinaires. L'enveloppe était en fer blanc mince dont les éclats étaient inoffensifs. La mise à feu se faisait par deux détonateurs allumant une mèche calculée pour le retard voulu. Le mécanisme extrêmement simple a toujours très bien fonctionné.

Nous avons expérimenté ces bombes, combinées avec l'attaque au sol par fusées, pendant l'orage du 30 juillet 1937. La chute de grêle s'est arrêtée à l'endroit approximatif où l'avion a bombardé le nuage. Ce premier essai a donc paru encourageant, mais il s'est révélé trop imprécis. L'enclume et la masse du nuage ne permettant de faire le point qu'à l'estime et cachant la partie du nuage à attaquer, c'est-à-dire le tourbillon qui se tient à l'intérieur et à la partie basse du nuage, donc plusieurs milliers de mètres plus bas.

Ce procédé fut abandonné comme trop imprécis et trop coûteux. »[8]

Entre-temps, pour s'affranchir de la faible portée des canons paragrêles, on les avait remplacés par des fusées destinées à porter les déflagrations au sein même des nuages. Les fusées paragrêles ont été extrêmement populaires entre 1900 et 1952. Elles étaient chargées de 100 à 800 g de cheddite (un explosif à base de chlorate de potassium ou de sodium et de dinitrotoluène) et leur explosion était supposée créer un déplacement d'air et un ébranlement sonore capables de détruire les grêlons. En 1936, la Société de viticulture du Rhône fit appel au colonel Ruby, commandant la 35e Escadre d'Aviation à Bron, pour appliquer les études qu'il avait faites sur la grêle, quand il était chargé, en 1923, des cours de Météorologie à l'Aviation de l'Armée du Rhin. Dans son livre publié sur le sujet en 1964, F. Ruby, alors devenu général, commente : « *C'est une véritable bataille que nous engageons contre un ennemi puissant. Nous connaissons ses habitudes, ses itinéraires ordinaires, ses points vulnérables. Il nous faut donc proportionner nos moyens de défense à la puissance de ses attaques. Mais dans toute bataille il y a des aléas. Si nous tirons à côté ou trop tard, ou insuffisamment, ou encore si l'orage est beaucoup plus fort que la défense, nous serons grêlés. […] Au lieu d'échafauder des théories, toujours sujettes à caution, sur la formation de la grêle et ensuite chercher un remède problématique à ce fléau, nous avons pris le problème en sens inverse, ce qui était contraire à la méthode scientifique pure, mais était admissible au point de vue logistique. Nous sommes partis d'un fait précis, vérifié par dix ans d'expérience et contrôlé avec tout le soin possible : c'est que les anciens canons paragrêles et les fusées avaient diminué dans une proportion notable les chutes de grêle dans les régions les plus habituellement touchées, en particulier en Autriche, en Italie et dans le Beaujolais. Nous avons donc repris ces expériences avec des fusées plus puissantes et en utilisant les moyens que nous donnait l'aviation.* »

Notons au passage que le général n'émettait aucun doute sur l'efficacité des méthodes qu'il mettait en application.

Avec le temps, les méthodes et les théories ont continué à évoluer. Au début des opérations, la théorie en vigueur suggérait que l'onde vibratoire produite par l'explosion avait une action sur la congélation des gouttes d'eau en surfusion et sur la structure des nuages. Mais les fusées utilisées ne dépassaient pas une altitude de 1 000 à 1 200 m et elles avaient peu de chance d'atteindre les régions où se forme la grêle qui, en été, sont souvent situées à plus de 3 000 m. Qu'à cela ne tienne, incapable de se doter des outils adaptés aux hypothèses en cours, on modifia tout simplement ces dernières pour les

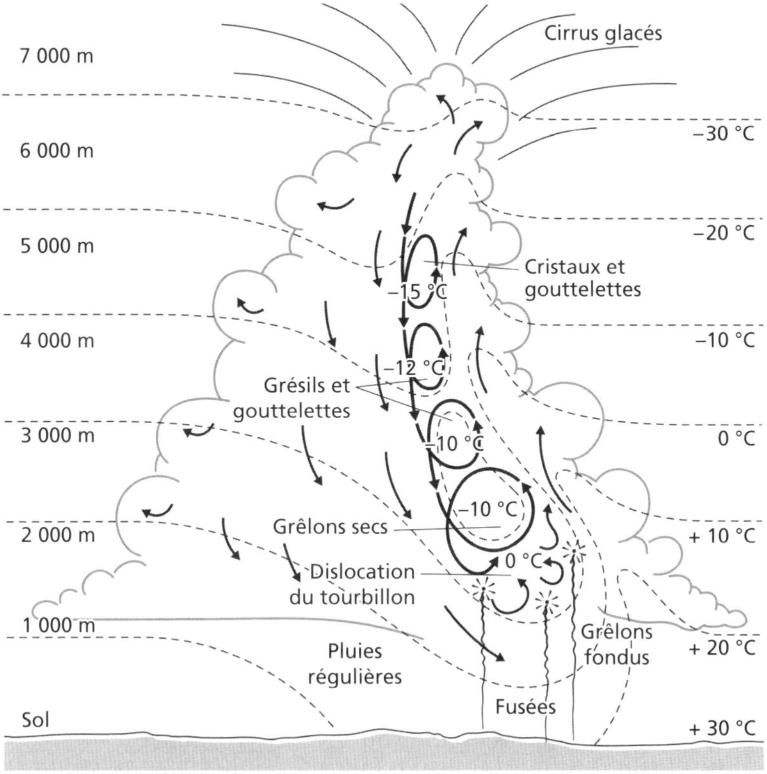

La théorie des tourbillons de grêle. La friction entre courants d'air ascendants et courants descendants était supposée engendrer des tourbillons faisant chuter la température de l'air de plus de 10 ou 15 °C. (D'après F. Ruby[9].)

rendre compatibles avec les caractéristiques des moyens d'intervention disponibles. On accommoda alors la structure supposée des nuages en inventant la théorie dite des tourbillons de grêle. Dans cette nouvelle théorie, la friction entre courants d'air ascendants et courants descendants était supposée engendrer des tourbillons faisant chuter la température de l'air de plus de 10 ou 15 °C. Les grêlons pouvaient alors théoriquement se former plus bas, à des altitudes accessibles aux fusées paragrêles. Dans ce contexte, l'explosion des charges embarquées devait créer un trou dans lequel l'air avoisinant, plus chaud, pourrait s'engouffrer en provoquant la dislocation du tourbillon de grêle[10] ; le nuage devait alors se déchirer et laisser la place au ciel bleu.

Toutefois, en 1964, le même auteur rapporte : « *Avec les seules fusées explosives, nous avons vu que la destruction d'un tourbillon de grêle nécessite de nombreux coups au but, exigeant une concentration de feu massive en un lieu et à un moment donné, et toute une organisation d'alerte capable de déterminer de façon précise la marche du tourbillon signalé. Ainsi, lorsque nous ne disposions que de ce moyen de défense, les organisations que nous avions montées dans toute la France se sont révélées à l'usage trop lourdes et les disciplines de transmission et de tir trop difficiles à maintenir à la longue. D'où les échecs signalés dans le sud-ouest, où l'emploi des fusées simples tirées de façon désordonnée (combinées avec les brûleurs au sol inefficaces), n'a pu empêcher les catastrophes qui s'abattent chaque année sur cette région.* »[11]

Cette activité fut très lucrative, mais surtout pour les marchands de fusées ! Car on sait aujourd'hui que ces théories n'ont aucun fondement scientifique. D'une part, la théorie des tourbillons de grêle est totalement fantaisiste. D'autre part, l'onde vibratoire émise par l'explosion de fusées ou par des canons ne saurait avoir le moindre effet sur les grêlons ou sur leur croissance.

Vers la fin des années 1950, on pensait que cette technique avait des chances de fonctionner parce qu'on s'appuyait alors sur des expériences de laboratoire réalisées avec des grêlons teintés artificiellement par du bleu de méthylène. Cette teinture était utilisée pour mieux repérer les fissures occasionnées par les contraintes auxquelles on soumettait les grêlons, or c'est elle qui était à l'origine des fractures observées[12]. À titre de vérification, une série d'expériences a été réalisée en 1963 en soumettant des particules de glace, de formes et de natures différentes, aux ondes produites par l'explosion de charges d'un kilogramme de trinitrotoluène (TNT)[13]. Dans les premières expériences, les charges furent placées à 120 mètres des particules de glace, une distance bien inférieure à la distance qui sépare les canons paragrêles des régions des nuages où se forment les grêlons. Comme aucun effet ne put être observé, on raccourcit la distance et on passa successivement à 80 mètres, puis 40 mètres, 20 mètres, 10 mètres, 5 mètres. À moins de 5 mètres, des fractures furent observées dans la glace, résultant plus vraisemblablement de la projection de fragments de la charge explosive que de l'influence des ondes émises. De leur côté, des scientifiques ont montré en 1966 que les grêlons pouvaient se fissurer sous l'influence des ondes de choc résultant d'une explosion produite à proximité immédiate[14]. Autant dire que la méthode ne marche que si l'on tire à bout portant sur chacun des grêlons. Vaste programme ! Malgré de tels constats, elle est toujours utilisée dans certaines régions du monde, en particulier à l'aide de canons à acétylène.

En conclusion, nous pouvons constater que ces applications fondées sur la production de bruits et de vibrations ont peu d'effet sur le comportement des nuages ou sur la formation des précipitations. Elles sont fondées sur des hypothèses irréalistes, incompatibles avec la connaissance que nous avons aujourd'hui de ces phénomènes.

Cependant, il existe encore des supporteurs des canons paragrêles. N'ayant pas réussi à démontrer l'efficacité des vibrations de l'air pour casser les grêlons, certains ont inventé une théorie dite d'ionisation. En rapprochant anions et cations présents dans le nuage, les ondes de choc issues des canons produiraient de micro-explosions qui, par fragmentation, empêcheraient la croissance des embryons de grêle et accentueraient la fonte des grêlons déjà formés. Pas plus que la précédente, cette théorie n'est cohérente avec la physique des processus qui interviennent dans la formation des nuages et des précipitations.

Les concepts actuels de la lutte anti-grêle

Réduire les précipitations de grêle est un véritable challenge car la grêle est produite par le plus puissant et le plus violent des nuages, le cumulonimbus. Les quantités d'eau et d'énergie mises en jeu sont considérables. Dans un nuage de 20 km de diamètre, le contenu en eau condensée (sous forme de gouttes d'eau et de cristaux de glace) peut atteindre un million de tonnes et pourrait remplir plus de 30 000 gros camions citernes. La puissance libérée à chaque instant par la seule condensation de la vapeur d'eau atteint des valeurs de l'ordre de 20 000 à 25 000 Gigawatts. À titre de comparaison : les centrales nucléaires les plus performantes ont une puissance de l'ordre de 1,5 Gigawatt et la puissance électrique moyenne consommée en France est d'environ 50 Gigawatts, avec des pointes de consommation instantanée ne dépassant pas 100 Gigawatts. Ainsi, l'énergie d'un seul nuage de grêle d'une durée de vie ne dépassant pas une heure ou deux, si elle pouvait être récupérée, permettrait d'alimenter la France en énergie domestique pendant plus de dix jours.

Sur la période 1984-2006, le « Registre des projets de modification artificielle du temps » tenu par l'Organisation météorologique mondiale (OMM) comporte en moyenne 26 projets de réduction de la grêle. À partir de 2002, ce nombre enregistre une baisse importante qu'il est difficile d'interpréter.

Les grêlons se formant par givrage de gouttelettes d'eau surfondue sur des cristaux de glace ou sur des gouttes d'eau congelées[15], les opérations de modification vont essayer de les empêcher de grossir tout simplement en les privant d'eau surfondue. Pour obtenir un tel résultat on a envisagé plusieurs solutions. La première consiste à augmenter fortement le nombre d'embryons* de grêle pour encourager un partage de l'eau disponible : c'est le concept dit de concurrence (ou de compétition). On peut aussi chercher à provoquer la congélation de toutes les gouttelettes qui arrivent à des niveaux où la température est négative : c'est le concept de

---

* Un embryon de grêle est une petite particule de glace sur laquelle un grêlon va pouvoir se former par accrétion de gouttelettes d'eau liquide surfondue. Il peut s'agir d'une goutte d'eau congelée ou d'une particule de neige roulée ou de grésil.

glaciation totale. Avec le concept d'abaissement de trajectoire, on essaie d'augmenter la taille des embryons pour qu'ils tombent plus vite et passent moins de temps dans la zone de formation de la grêle. Enfin, on peut aussi tenter de faire précipiter prématurément le nuage dans l'espoir d'accélérer sa dissipation : c'est concept de précipitation précoce.

Le **concept de concurrence**, aussi nommé « de concurrence bénéfique », est le plus couramment mis en œuvre. Il suppose que la quantité d'eau surfondue disponible pour la croissance des grêlons est fixe. Une augmentation du nombre de grêlons pourrait alors les mettre en concurrence et les empêcher ainsi de grossir de façon trop importante. Plus petits, ils tombent alors moins vite et ont plus de temps pour fondre avant d'atteindre le sol. Le résultat espéré est une réduction de la taille des grêlons et de la quantité de grêle associée, accompagnée d'une augmentation des quantités de pluie. Pour les opérations, il s'agit d'ensemencer les régions de formation de la grêle avec de la carboglace ou des noyaux glaçogènes comme l'iodure d'argent, pour y créer des particules de glace supplémentaires. Théoriquement quelques dizaines de grammes d'iodure d'argent par nuage devraient suffire pour atteindre cet objectif. Toutefois, si les grêlons naturels n'utilisent qu'une petite partie de l'eau surfondue disponible, cette méthode présente le risque d'augmenter le nombre de gros grêlons sans pour autant en diminuer la taille.

Le **concept de glaciation totale** suppose qu'il est possible par ensemencement de congeler toutes les gouttes d'eau liquide surfondue et de limiter ainsi les possibilités de croissance des grêlons. Les techniques disponibles sont les mêmes que pour le concept de concurrence. Mais s'il suffisait théoriquement de congeler quelques centaines ou quelques milliers de gouttelettes d'eau par m^3 pour faire jouer le principe de concurrence, il faudrait en congeler près d'un à deux milliards par m^3 pour transformer toute l'eau liquide en glace. Pour traiter complètement un nuage à base d'iodure d'argent, on ne parle alors plus en grammes mais en tonnes de matière à disperser. On voit que ce type de méthode ne peut être envisagé que dans des situations où existe une zone de formation des grêlons très localisée. Toutefois, la congélation massive des gouttelettes surfondues est accompagnée de fortes libérations de chaleur susceptibles d'augmenter encore le développement du nuage et de le rendre plus violent. À l'inverse, toute défaillance dans la tentative de congeler suffisamment de gouttelettes, en augmentant le nombre d'embryons potentiels, augmenterait le nombre de gros grêlons. Une simulation numérique montre que les méthodes fondées sur le concept de glaciation totale présentent le double risque d'augmenter la grêle et de diminuer la pluie[16].

Dans le **concept d'abaissement de trajectoire**, on considère que plus les grêlons montent haut, plus ils passent de temps dans le nuage, et plus ils ont la possibilité de grossir par collection de gouttelettes d'eau surfondue. La méthode consiste à créer à basse altitude des embryons artificiels pour absorber une grande partie de l'eau surfondue qui, en leur absence, aurait participé à la croissance des grêlons naturels plus haut dans le nuage. Grossissant rapidement, les grêlons artificiels sortent très vite du nuage et ne peuvent atteindre une taille aussi importante que les grêlons naturels. D'après les calculs, il suffirait d'une centaine d'embryons artificiels par m^3 pour atteindre cet objectif. Une simulation numérique suggère que la manière la plus efficace de produire de tels embryons serait un ensemencement à l'aide de noyaux hygroscopiques à la base des nuages pour favoriser d'abord la formation de grosses gouttes par collection de gouttelettes[17].

On peut aussi espérer dans certains cas que cette précipitation prématurée entraîne la dissipation du nuage : c'est le **concept de précipitations précoces**. Ce concept a été mis en œuvre dans l'ancienne Union soviétique à l'aide d'une mixture de noyaux hygroscopiques et de noyaux glaçogènes destinée à favoriser la croissance des gouttes dans la partie chaude du nuage et celle des embryons de grêle dans la partie en surfusion[18]. La méthode présente toutefois quelques risques : si certains embryons artificiels ne grossissent pas suffisamment vite pour être éjectés rapidement du nuage, ils sont susceptibles d'engendrer des grêlons beaucoup plus gros que les grêlons naturels.

La technique soviétique : le concept de zone d'accumulation

Les méthodes de lutte anti-grêle mettant en application le concept de « concurrence », dite aussi de « concurrence bénéfique », ont d'abord été développées dans les territoires de l'ex-Union soviétique à partir de 1956. Elles étaient fondées sur l'idée qu'il existe dans la partie supérieure des nuages d'orage (à des niveaux où la température est comprise entre – 10 °C et – 20 °C) une région de forte concentration en grosses gouttes d'eau liquide surfondue : la « zone d'accumulation ».

Plusieurs techniques ont alors été mises au point pour injecter des particules d'iodure de plomb ou d'iodure d'argent dans les zones d'accumulation. Les opérations sont pilotées à partir des observations réalisées par des radars météorologiques, les zones d'accumulation étant supposées leur renvoyer un signal important. Des fusées et des canons de défense anti-aérienne sont utilisés pour envoyer les agents d'ensemencement dans le nuage où ils sont dispersés par explosion d'une charge de poudre. Ils sont alors supposés provoquer la congélation de gouttes de pluie ou initier la formation de cristaux de glace par condensation solide de la vapeur d'eau environnante[19]. L'emploi de canons et de fusées devait en particulier permettre d'éviter leur diffusion dans les régions non actives du nuage ainsi que leur désactivation par le rayonnement solaire et par les gouttes d'eau non surfondues, ce qui représente l'inconvénient majeur des opérations effectuées à partir de générateurs au sol. Les fusées explosives, Oblako, d'une portée de 12 km, peuvent atteindre des altitudes d'environ 8 km et disperser

84 grammes d'iodure d'argent sous forme de minuscules particules de moins de 0,1 micromètre (soit un dix millième de millimètre). Chaque gramme d'iodure d'argent fournirait ainsi environ 600 milliards de noyaux de congélation actifs à – 5 °C et 100 000 milliards à une température de – 20 °C[20].

Les résultats publiés annoncent une réduction des dommages associés à la grêle supérieure à 70 % et pouvant même dans certains cas atteindre 90 %[21, 22]. Un succès presque complet. Les auteurs reconnaissent cependant certains échecs dont ils n'ont pu déceler les causes : dysfonctionnement d'un instrument ou d'une prise de décision, comportement imprévu ou incompris de certains nuages... Malheureusement, la manière dont les ensemencements ont été conduits ne permet pas de réaliser une évaluation statistique indiscutable, les tests reposant sur des variables qui font intervenir de nombreux facteurs indépendants des ensemencements, comme par exemple les fluctuations climatiques.

Il est évident que l'annonce de résultats aussi impressionnants que ceux présentés ici n'a pas laissé indifférents les agriculteurs de nombreuses régions où la grêle est un véritable fléau. Dans plusieurs pays, et en particulier aux États-Unis ou en France, les autorités ont été sommées par la pression publique de prendre les choses en main.

La zone d'accumulation

La méthode utilisée par les Soviétiques pour la réduction artificielle des précipitations de grêle est fondée sur le concept de la « zone d'accumulation ». C'est dans cette région que les grêlons se formeraient. Les grosses gouttes s'y accumuleraient et se trouveraient pratiquement immobiles parce que leur vitesse de chute propre (8 à 9 m/s) compenserait exactement celle du courant ascendant. Le contenu en eau liquide surfondue pourrait y atteindre des valeurs de 20 à 30, voire 80 g/m^3 (des valeurs fortement improbables). Les Soviétiques suggèrent aussi que ces zones sont facilement repérables parce qu'elles correspondraient aux régions de forts échos mesurés par les radars météorologiques. Toutefois, la réalité d'une telle zone n'a jamais pu être démontrée.

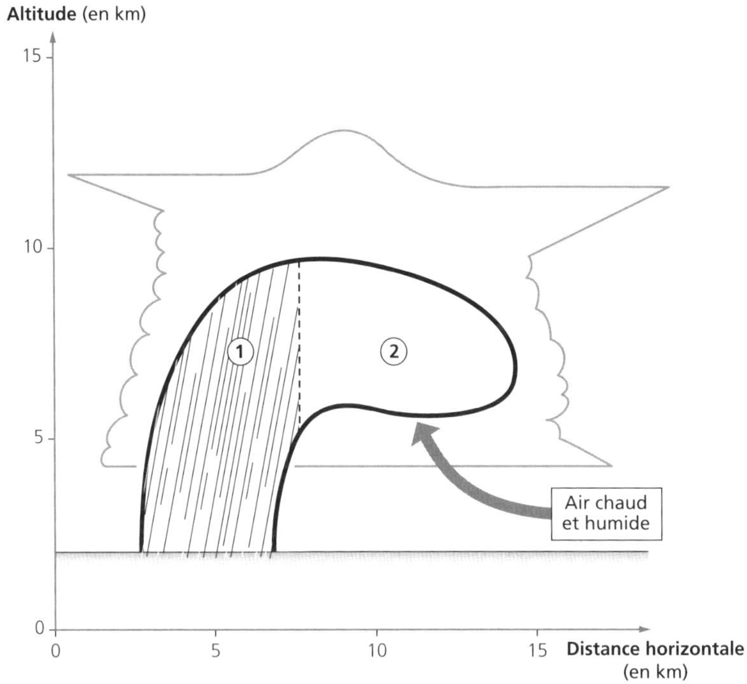

Coupe verticale d'un nuage (ou cellule) orageux. *(D'après Sulakvelidze* et al.[23]*.) La zone d'accumulation est repérée par le chiffre 2 et la région de précipitation de la grêle par le chiffre 1. Seules ces deux régions sont visibles sur le radar météorologique, le reste du nuage est composé de petites particules qui renvoient trop peu de signal électromagnétique pour être détectées.*

En Argentine, un programme a été organisé pour appliquer la méthode en lui associant un contrôle statistique. Après cinq ans d'opérations, les résultats d'ensemble ont mis en évidence un effet nul ou négligeable des ensemencements. Toutefois, un traitement des données plus poussé en distinguant les types de situation météorologique a montré que les périodes d'ensemencement étaient associées à une diminution d'environ 70 % des dégâts provoqués pendant les situations de fronts froids, mais à une augmentation de près de 100 % dans les autres situations. Hélas, le nombre insuffisant de cas enregistrés pendant l'expérience et l'absence de documentation des phénomènes physiques conduisant de l'ensemencement à la chute de grêle n'ont pas permis d'attribuer ces résultats aux seules opérations d'ensemencement.

Un vaste programme pour étudier la formation de la grêle

Un vaste programme de recherches, the *National Hail Research Experiment* (NHRE), a été organisé entre 1972 et 1976 aux États-Unis pour étudier la formation de la grêle, les caractéristiques des orages qui la provoquent, mais aussi la validité des concepts soviétiques et leur possible transposition dans d'autres conditions climatiques. Un dispositif extrêmement important et performant a permis de réaliser de nombreuses mesures et de documenter la structure interne des orages et les différentes phases de leur évolution. Sur la zone d'expérience, d'une superficie d'environ 6 400 km^2 étaient installés cinq radars (utilisant plusieurs longueurs d'onde et la mesure de l'effet doppler), un réseau très dense de stations météorologiques automatiques, de pluviomètres et de grêlimètres. Deux stations mobiles permettaient de pourchasser les précipitations pour réaliser des prélèvements de grêle sous les nuages. Six avions instrumentés, dont un planeur et un avion blindé, effectuaient des mesures dans les nuages grêligènes et dans leur environnement. Plusieurs centaines de chercheurs venus du monde entier ont eu accès aux données et ont pu participer à l'évaluation du programme.

Après 3 ans d'expérience, la quantité de grêle enregistrée pendant les situations ensemencées était supérieure de 60 % à celle des situations non ensemencées[24]. En raison de la forte variabilité des précipitations de grêle on ne pouvait toutefois pas en déduire de façon certaine que cette augmentation était le résultat des ensemencements. Des scientifiques ont montré qu'avec un intervalle confiance de 90 %, l'effet des ensemencements sur la masse de grêle atteignant le sol était compris entre 500 %

d'augmentation et 60 % de réduction[25]. Ce qui laisse seulement une probabilité de 10 % que l'effet soit en dehors de cet intervalle. Comme on le voit, ces résultats ne permettaient pas de conclure si la méthode était efficace ou si au contraire elle contribuait à augmenter de façon dramatique les effets combattus.

Grâce à un ensemble incomparable de mesures, l'expérience a cependant permis d'obtenir de nouvelles informations sur la formation des grêlons et sur la structure des systèmes les plus gros producteurs de grêle : les orages multicellulaires (ou systèmes multicellulaires) et les orages supercellulaires (ou cellules géantes, encore nommées supercellules).

En premier lieu, le concept de zone d'accumulation n'a pas pu être validé. D'une part, s'il existe bien dans ces systèmes nuageux des zones de forte concentration en gouttes d'eau surfondue, leur structure n'est généralement pas compatible avec la présence d'une telle zone d'accumulation. D'autre part, dans la plupart des cas, la forme et la composition des gros grêlons (structure lobée, présence de petites bulles d'air…) collectés sur le sol montrent qu'ils ont effectué une grande partie de leur croissance dans des régions à faible contenu en eau liquide.

Les orages ou systèmes multicellulaires

Les systèmes grêligènes peuvent être composés d'une ou plusieurs cellules convectives. La cellule est l'élément de base, la région active, de ces systèmes. Elle est associée à un fort courant ascendant, lieu de formation des précipitations. Chaque cellule dépasse rarement quelques kilomètres de diamètre et 40 minutes de durée de vie.

Les systèmes multicellulaires observés pendant l'expérience sont composés, en permanence, de trois ou quatre cellules ordinaires, ayant chacune atteint une phase de croissance différente[26]. Chaque cellule dure 40 à 50 minutes, mais chaque fois qu'une cellule meurt à l'arrière du système, une cellule neuve naît à l'avant. Ainsi, le système peut perdurer plusieurs heures. Il se développe généralement dans des conditions

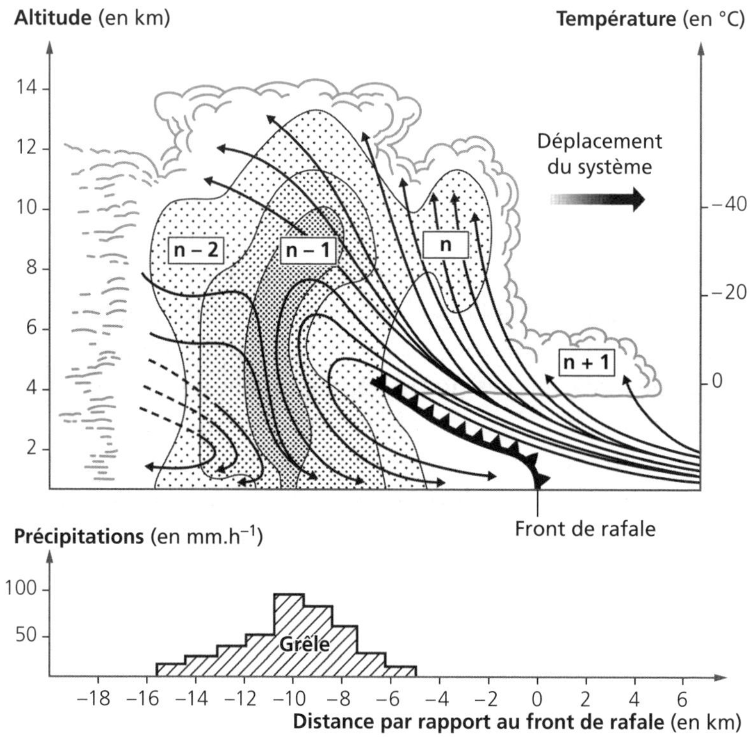

Les systèmes multicellulaires. Les orages multicellulaires sont composés d'une série de cellules (notées ici $n - 2$ à $n + 1$) dont la durée de vie ne dépasse pas 40 à 50 minutes. La cellule $n - 2$ est en phase de dissipation. Les cellules n et $n + 1$ se développent sous l'impulsion du courant de densité créé par les précipitations de la cellule $n - 1$. Ainsi, la disparition des cellules les plus anciennes est sans cesse compensée par le développement de nouvelles cellules. Le système peut ainsi persister plusieurs heures en conservant la même organisation. (D'après Browning *et al.*[27].)

météorologiques instables, en présence de fortes variations du vent avec l'altitude : vent fort, voire violent, dans la moyenne et la haute troposphère mais modéré dans les basses couches. Les embryons de grêle se développent rapidement dans les nouvelles cellules en formation, bien avant la détection d'un signal par les radars. Lorsque ce dernier apparaît, il est déjà trop tard pour commencer les ensemencements. Cela expliquerait pourquoi la méthode soviétique n'a pas eu d'effet sur de tels systèmes.

Certains auteurs recommandent d'agir non pas sur les régions à forts échos radar, mais au contraire sur les régions situées à l'avant et dans lesquelles se développent les nouvelles cellules[27]. Dans ce cas, les ensemencements depuis un avion paraissent plus appropriés parce qu'il est plus facile de déceler visuellement les cellules en développement, difficilement détectables depuis le sol ou à partir des radars. Des simulations numériques suggèrent que le concept d'abaissement de trajectoire (voir plus haut) serait mieux adapté au traitement de tels systèmes que le concept de concurrence[28].

Les orages supercellulaires

Si les systèmes multicellulaires sont les systèmes grêligènes les plus fréquents, les orages supercellulaires sont les plus violents. Ils se développent dans des conditions météorologiques particulières : un rapide changement du vent avec l'altitude et une instabilité conditionnelle ou potentielle, avec de l'air chaud et humide près du sol et de l'air sec en altitude. Ils sont composés d'une seule cellule (une cellule géante ou supercellule) qui peut atteindre une vingtaine de kilomètres de diamètre et persister plusieurs heures en se déplaçant sur plus d'une centaine de kilomètres[29]. Ils peuvent engendrer les tornades les plus destructrices, les plus gros grêlons et les précipitations les plus intenses. Peu fréquents (un ou deux par an dans une région comme le Sud-Ouest de la France), ils sont responsables des plus importants dégâts.

Dans une supercellule, le courant ascendant dépasse parfois 150 km/h et peut maintenir en suspension des grêlons gros comme des pamplemousses. Le courant descendant associé aux précipitations peut dépasser 100 km/h et provoquer au sol de violentes bourrasques. La structure de la cellule reste stationnaire tant que courant ascendant et courant descendant s'entretiennent mutuellement. L'image radar d'une supercellule présente un aspect caractéristique : l'ascendance est marquée par une zone d'échos faibles, en forme de vaste voûte, entourée d'échos plus intenses. Cette voûte est la signature d'un fort

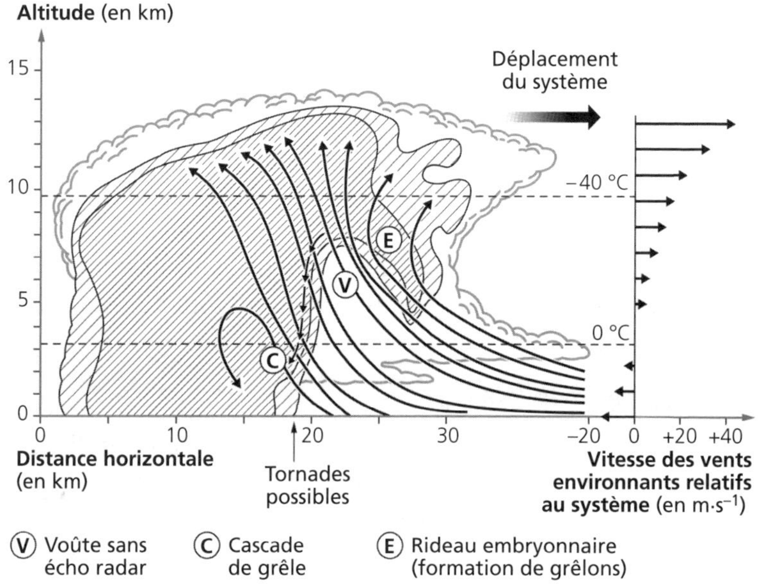

Les cellules géantes à caractère persistant ou «supercellules». Les orages supercellulaires sont formés d'une seule cellule géante qui peut persister pendant une heure ou deux en produisant d'énormes dégâts sur son passage. La voûte sans écho radar (V) correspond à la région où les courants ascendants sont si rapides que les gouttes d'eau et les cristaux de glace n'ont pas le temps de grossir. Les grêlons se forment dans le rideau embryonnaire (E) et finissent par tomber sous forme de cascade (région C). Les tornades les plus violentes se forment près de la limite entre la cascade de grêle et la voûte sans écho. Dans ce type de cellule, la zone de formation de la grêle est de dimensions réduites et difficilement accessible. (D'après Browning and Foote, 1976[29].)

courant ascendant. En effet, la vitesse verticale y est si élevée que les gouttelettes et les cristaux de glace n'ont pas le temps d'atteindre une taille suffisante pour être détectables par les radars. Ni les gouttes de pluie ni la grêle ne peuvent séjourner dans cette région, elles sont violemment rejetées vers le haut ou sur les côtés. Autrement dit, l'ascendance ne renferme aucun objet susceptible d'engendrer des échos radar importants. Les gros hydrométéores confinés autour de l'ascendance provoquent en revanche les échos intenses, qui dessinent la voûte. Au sommet de la cellule, l'air ascendant encore chargé en vapeur d'eau et en particules de glace est évacué dans une vaste enclume.

Dans une telle cellule, les flux de matière et d'énergie peuvent être 40 ou 50 fois plus importants que dans une cellule ordinaire, mais une grande partie de l'eau disponible est transférée dans l'enclume ou évaporée dans le courant descendant qu'elle refroidit. Si bien qu'une particularité des cellules géantes, en plus de l'intensité des dégâts provoqués, est leur très faible efficacité à utiliser l'eau disponible pour fabriquer de la grêle : elles pourraient donc en créer beaucoup plus si les embryons ne venaient à manquer au bon endroit et au bon instant.

K.A. Browning en déduit que, dans ce type de système, la majeure partie des agents d'ensemencement risque d'être transportée très rapidement par les courants ascendants jusque dans l'enclume où ils n'ont plus aucune efficacité[30]. Cependant, une petite portion d'entre eux, situés sur les bords, pourrait atteindre la région de formation des grêlons. Là, ils sont peu susceptibles d'entrer en concurrence avec les grêlons naturels étant donné la forte disponibilité en eau surfondue du nuage, sans cesse renouvelée. Ainsi, dans les supercellules, non seulement l'ensemencement n'aurait pas diminué la taille des grêlons, mais il en aurait augmenté le nombre.

D. Atlas conclut qu'en fonction des circonstances, les ensemencements peuvent aussi bien augmenter que diminuer les quantités de grêle : c'est le paradoxe de la suppression de la grêle[31].

Les conclusions du NHRE

Souvenons-nous du paragraphe précédent où les Soviétiques concluaient avoir obtenu jusqu'à 90 % de réductions de chutes de grêle. Les résultats du NHRE sont très différents. Trois types de raisons expliqueraient ces différences : la composition et la structure des nuages, les méthodes d'ensemencement utilisées, et les méthodes de contrôle mises en œuvre.

En Union soviétique, les expériences ont principalement été effectuées dans des régions chaudes et humides comme l'Arménie. Dans les nuages traités, de grosses gouttes avaient le temps de se former avant d'atteindre les niveaux de température inférieure à 0 °C. Dans le Colorado, les nuages prennent naissance sur de très hauts plateaux, leur base est élevée et froide. Les grosses gouttes ont plus de mal à se former avant que la congélation n'intervienne. La présence d'une zone d'accumulation est peu probable. Dans les systèmes les plus grêligènes et les plus dévastateurs, les courants ascendants sont très rapides. La sélection des embryons de grêle est très sévère. Les grêlons, pourtant très gros et très nombreux, ne collectent en fait qu'une faible partie de l'eau disponible. Ainsi, à l'occasion d'un ensemencement artificiel, le risque est grand d'augmenter encore le nombre des gros grêlons.

Autre différence importante, les chercheurs américains ont dispersé les noyaux artificiels à partir d'avions, alors que les soviétiques utilisaient des fusées et des obus. Les deux méthodes ont leurs avantages et leurs inconvénients. Les fusées et les obus permettent une intervention plus rapide et une meilleure localisation des ensemencements. Les avions permettent en particulier de repérer les nouvelles cellules convectives en formation.

Enfin, dans le NHRE les moyens d'évaluation, de contrôle et d'observation étaient beaucoup plus performants et adaptés. Ils peuvent avoir permis la mise en évidence de mécanismes et de modifications indétectables avec les moyens utilisés dans les expériences soviétiques.

Ainsi, l'expérience du NHRE n'a pu reproduire les opérations réalisées en Union soviétique. Elle a toutefois recueilli des informations intéressantes sur la formation des grêlons et sur la structure des systèmes les plus gros producteurs de grêle et élucidé une grande partie des raisons de l'échec des tentatives de réduction des précipitations.

Par précaution, les ensemencements furent suspendus dès 1975. D'une part, une vérification, plus précise que celle réalisée, aurait nécessité encore de nombreuses années d'opérations sans la moindre garantie de succès. D'autre part, même si les résultats étaient encore incertains, on craignait non seulement un impact négatif sur les quantités de grêle, mais aussi sur la pluie. Or, sur les régions arides où se déroulaient les opérations, une diminution des précipitations a un très fort impact économique, beaucoup plus important que celui associé à une variation des quantités de grêle. Dans le Colorado, une réduction de 20 % des quantités de grêle pourrait tout juste compenser économiquement une diminution de la pluie de 5 %[32].

Les deux dernières années du programme furent exclusivement réservées à l'analyse des données ainsi qu'à l'observation et à l'étude des processus mis en jeu.

Nouvelle tentative : l'expérience Grossversuch IV

Pour tirer au clair les raisons de l'échec du NHRE à reproduire les résultats soviétiques, une nouvelle expérience est alors organisée en Suisse. Dans cette région, les orages grêligènes sont supposés avoir des caractéristiques compatibles avec la méthode adoptée et les hypothèses qui la sous-tendent.

Afin d'assurer une duplication aussi fidèle que possible de la méthode, l'organisateur, B. Federer, fait un stage en Union soviétique et obtient le label adapté. Les opérateurs des radars et des lance-fusées sont formés par les spécialistes soviétiques en 1975 et 1976 et reçoivent des diplômes, certifiant leur aptitude à mener à bien les opérations. L'expérience Grossversuch IV se déroule de 1977 à 1981, au centre de la Suisse, elle est entièrement menée avec les méthodes et les moyens soviétiques. Elle reçoit le soutien de plusieurs équipes de recherche italiennes et françaises dont le Groupe national d'études de fléaux atmosphériques, et un support financier du ministère de l'Agriculture français[33, 34].

Un réseau dense de grêlimètres (330 répartis sur 1 300 km^2) et un radar météorologique soigneusement calibré sont utilisés pour mesurer de façons indépendantes l'énergie cinétique des chutes de grêle. L'énergie cinétique (produit de la masse d'un objet par le carré de sa vitesse) est une variable de test souvent utilisée parce qu'elle caractérise la violence des chocs et dans une certaine mesure la nocuité des chutes de grêle.

À la fin des cinq ans d'expérience, l'échantillon total comprend 216 cellules convectives. Ce faible nombre de cellules induit des intervalles de confiance très larges. Ainsi, avec un intervalle de confiance de 95 % (ce qui laisse une probabilité de 5 % que l'effet soit en dehors de cet intervalle), d'après les données radar, l'effet des ensemencements serait compris entre 30 % de réduction et 159 % d'augmentation de l'énergie cinétique. Le test réalisé à partir des données des grêlimètres donne des limites plus réduites : avec un intervalle de confiance de 90 %, l'effet serait compris entre une diminution de 66 % et une augmentation de 75 %. En résumé, pas plus que dans l'expérience NHRE aux États-Unis, la méthode soviétique de suppression de la grêle n'a démontré son efficacité en Suisse, dans de cadre de l'expérience Grossversuch IV. Au contraire, une majorité des évaluations suggère une augmentation de l'énergie des chutes de grêle et des surfaces grêlées, un résultat assez proche de celui obtenu pendant le NHRE[35]. Pour essayer de comprendre les résultats statistiques, des mesures supplémentaires ont été réalisées en 1982 et 1983 à l'aide d'un avion T28 blindé, capable de voler au milieu des cellules grêligènes à la recherche d'éventuelles zones d'accumulation. Très peu de grosses gouttes surfondues ont été observées[36], montrant que les hypothèses de base de la méthode soviétique n'étaient pas remplies non plus dans les nuages suisses.

Les opérations en France

Les chercheurs français ont été longtemps pionniers dans la lutte contre la grêle. Plusieurs opérations ont été mises en place, en particulier dans les régions particulièrement grêligènes comme le Sud-Ouest, la vallée du Rhône et la Bourgogne. Les méthodes mises en œuvre couvrent une grande variété de concepts et de moyens (fusées, canons à acétylène, générateurs au sol, diffusion à partir d'avions instrumentés). Les recours aux filets paragrêles et à l'assurance « dommage grêle » sont fréquents, mais leur coût rebute parfois les exploitants. De plus, les filets présentent un certain nombre d'inconvénients : manutention difficile et onéreuse, diminution de l'ensoleillement des cultures, déploiement impossible quand les arbres sont en fleurs…).

À partir de 1953, dans le Beaujolais, le colonel Ruby, que nous avons déjà croisé, remplace les fusées simples par des fusées chargées d'iodure d'argent. Pour lui, le succès des opérations ne fait aucun doute. Dans le livre qu'il publie en 1964, il commente : « *C'est ainsi qu'il a été démontré […] dans le Beaujolais où l'auteur a sa propriété […] pendant 10 ans, que les fusées à iodure d'argent ont arrêté la grêle chaque fois qu'on les a tirées à temps. Comme dans la défense paragrêle, seuls, les résultats comptent, ces statistiques établies pendant une aussi longue période sont la meilleure preuve que nous puissions avoir.* »[37]

Il existe aujourd'hui au moins deux types de fusées utilisées en France : les premières à explosif diffusent de l'iodure d'argent à l'intérieur du nuage orageux grâce à l'élévation de température qui suit l'explosion. Les secondes vaporisent l'iodure d'argent par combustion lente d'un mélange pyrotechnique.

Fondée en 1951, l'Anelfa regroupe quinze associations départementales financées en grande partie par les Conseils généraux, les Conseils régionaux, les Chambres d'agriculture, les Syndicats agricoles, les Caisses mutuelles d'assurances et les Communes. La superficie couverte par ses opérations est de 55 000 km^2. Les ensemencements sont effectués à partir de 660 générateurs (ou brûleurs) installés au sol et vaporisant une molécule complexe d'iodure d'argent – iodure de sodium dans une flamme d'acétone. L'objectif est de diffuser de grandes quantités d'iodure d'argent dans l'atmosphère en espérant qu'une partie se trouvera dans les parcelles d'air participant à la formation des grêlons. Environ 800 kg d'iodure d'argent sont dispersés chaque saison (période allant du mois d'avril au mois d'octobre). Un réseau de 1 000 grêlimètres a été installé à partir de 1982 pour évaluer les caractéristiques des chutes de grêle et l'impact des ensemencements. Plusieurs analyses ont été réalisées à partir des données de dégâts enregistrés par les compagnies d'assurance[38] ou de mesures effectuées par les grêlimètres[39]. Elles suggèrent une diminution des dommages et du nombre de gros grêlons pendant les opérations. Cependant, aucune observation physique des effets supposés n'a fourni de preuve suffisante sur l'efficacité de la méthode.

Pour la petite histoire, voyons comment en 1964, l'organisateur des opérations de lutte anti-grêle qui étaient alors menées dans le Lyonnais, jugeait l'efficacité des brûleurs installés en nombre dans le Sud-Ouest de la France. En faisant une statistique pour comparer les 8 années qui précédèrent et les 8 années qui suivirent leur installation en 1952, le général Ruby (encore lui) considère que les brûleurs d'iodure d'argent au sol sont inefficaces, voire nuisibles. Il précise : « *Avant les brûleurs, l'Aquitaine a eu 2,27 fois plus de dégâts que le reste de la France. Après les brûleurs, elle en a eu 3,76 fois plus. Les brûleurs n'auraient donc pas diminué les dégâts dans les régions où ils sont installés, ils les auraient au contraire augmentés.* »[40] Il est évident que si, en raison de la forte variabilité des précipitations de grêle, il est très difficile d'apprécier les succès éventuels des brûleurs, il est tout aussi difficile d'en apprécier les échecs. Les observations réalisées sur quelques situations par le général Ruby, à partir de variations qui ne sont pas nécessairement attribuables aux ensemencements, ne sauraient en aucun cas représenter un indice statistiquement et scientifiquement acceptable.

À partir de 1964, des opérations combinant ensemencements à partir d'avions et de véhicules automobiles équipés de lance-fusées, ont été mises en œuvre par l'Association

Climatologique de Moyenne-Garonne (ACMG). Au début, l'agent d'insémination était un mélange de silicate et d'iodure d'argent. Les cellules menaçantes étaient détectées à l'aide d'un radar qui dirigeait aussitôt l'avion et les véhicules vers leurs lieux d'intervention. En comparant le nombre de jours de grêle et les dégâts aux plantations de tabac observés avant (de 1951 à 1963) et après les opérations (de 1964 à 1970), R. Picca en déduit une diminution des dommages par les ensemencements d'environ 90 %[41]. Une autre étude, menée par C. Boutin, met cependant en évidence une augmentation de 60 % de la surface grêlée[42]. Après un réexamen attentif des données originales, il en déduit que l'analyse présentée par Picca avait été conduite à partir de valeurs erronées conduisant à une très forte surestimation des résultats.

En 1995, sous la direction de J.-F. Berthoumieu, l'ACMG change de technique. Elle adopte le concept d'abaissement de trajectoire. Des noyaux hygroscopiques remplacent alors l'iodure d'argent. Il s'agit d'essayer de provoquer des précipitations avant que les gouttes d'eau n'aient pu atteindre la région de formation de la grêle. Les opérations sont pilotées à partir des observations d'un radar équipé d'un logiciel de suivi automatique des cellules convectives. Toutes les cellules menaçantes sont traitées. Les ensemencements, effectués par deux avions, mettent en œuvre soit des fumigènes développés en Afrique du Sud et contenant du potassium et du chlorure de sodium, soit des fumigènes développés en France et contenant du chlorure de calcium. Un réseau de 472 grêlimètres, 114 pluviomètres et 10 stations météorologiques couvre une superficie de 8 000 km^2.

Après cinq ans d'expérience, aucune conclusion significative ne peut cependant être mise en évidence sur l'impact des ensemencements. Après 1999, les opérations sont poursuivies avec des moyens limités, puis sont arrêtées en 2003[43].

Cependant, ces opérations, visant à provoquer la chute de pluie avant que l'eau ne se transforme en grêlons, ont inquiété les agriculteurs de départements limitrophes, ces derniers ayant de nombreuses activités agricoles, notamment de la trufficulture, de l'arboriculture ou des cultures maraîchères, et des élevages qui sont très sensibles à la sécheresse. L'idée que les ensemencements réalisés dans le Lot-et-Garonne puissent leur subtiliser les pluies nourricières attendues était insoutenable. À plusieurs reprises la question de l'appropriation de l'atmosphère à des fins privées a été soulevée, à ce propos, devant le Sénat.

Conclusions sur la grêle

Reprenons les conclusions du groupe d'experts de l'OMM[44]. La grêle, par les dégâts qu'elle cause aux cultures et aux biens, entraîne d'importantes pertes économiques. De nombreuses hypothèses ont été avancées sur la façon de la supprimer et de nombreux pays ont lancé à cette fin des programmes opérationnels d'ensemencement des nuages. Les hypothèses retenues incluent la « concurrence bénéfique » (qui consiste à créer de nombreux embryons supplémentaires qui se partagent l'eau surfondue), l'« abaissement de trajectoire » (pour réduire la taille des grêlons) et la formation de « précipitations précoces » en se concentrant sur les régions de développement de nouvelles cellules grêligènes.

Malgré les progrès réalisés, notre compréhension des orages est insuffisante pour bien prévoir les effets de l'ensemencement sur la grêle. On sait que les systèmes supercellulaires mettent en jeu des énergies considérables et posent un problème spécifique en raison des dommages qu'ils provoquent. Les moyens de télédétection et les simulations numériques ont certes permis d'entrevoir certains aspects fort complexes des mécanismes grêligènes et amélioré notre capacité à définir les instants, les lieux et les quantités de substances les plus propices au succès des opérations d'ensemencement, mais les simulations ne sont pas encore assez précises pour donner des résultats probants.

Quelques essais de suppression de la grêle mettant en jeu des opérations par tirage au sort ont été réalisés et appuyés de la mesure de paramètres comme la masse de la grêle, l'énergie cinétique, le nombre de grêlons et la surface couverte par la grêle. Ils n'ont malheureusement pas été concluants. Cependant, la plupart des tentatives d'évaluation ont été liées à des programmes opérationnels ne comportant pas de méthode de contrôle aléatoire. On a souvent fait appel, à des données d'évolution historique des dommages causés aux cultures, parfois avec des zones cibles et des zones de contrôle, mais de telles méthodes ne sont pas toujours fiables. De fortes réductions de la grêle ont été annoncées par de nombreux groupes, mais, à ce jour, les preuves scientifiques ne sont toujours pas concluantes. Cette situation devrait inciter les programmes opérationnels à renforcer les mesures physiques et les méthodes d'évaluation. Les techniques ont beaucoup progressé ces dix dernières années et de nouvelles possibilités s'offrent à nous pour poursuivre l'étude des mécanismes qui interviennent dans l'évolution des grands foyers orageux et des précipitations de grêle.

Pour conclure, les activités anti-grêle utilisant des canons pour produire une forte intensité sonore (ondes acoustiques) ne reposent sur aucune base scientifique ni sur aucune hypothèse crédible.

Peut-on empêcher la foudre de tomber ?

Chaque année en France, la foudre provoque la mort de plusieurs dizaines de personnes et d'environ 20 000 animaux. Elle est aussi responsable de 17 000 incendies et d'un nombre important de dégâts divers sur les matériels électriques et électroniques.

La lutte contre les foudroiements fit des progrès rapides lorsqu'on comprit leur nature électrique. En 1750, Benjamin Franklin en conclut qu'il serait probablement possible de décharger les nuages électrisés en faisant que la foudre s'abatte sans dommage en des endroits choisis pour préserver les hommes et les bâtiments. Il réalisa sa première expérience, en 1752, à l'aide d'un cerf-volant, et imagina alors qu'on pourrait obtenir un résultat identique à l'aide d'une grande tige pointue. Ainsi naquit le paratonnerre.

De dangereux paratonnerres portatifs (XVIIIe **siècle).**

Le premier fût installé en 1760 à Philadelphie. La foudre tomba dessus et en fit fondre l'extrémité supérieure, mais la maison ne subit aucun dommage. En France, plusieurs savants soutenus par l'abbé Nollet s'élevèrent contre l'utilisation du paratonnerre. Certains y voyaient le moyen d'attirer la foudre et de mettre en danger les habitations qu'il était censé protéger. Il faut dire que l'abbé Nollet, pensionnaire éminent de l'Académie des sciences, était l'auteur d'une théorie que B. Franklin avait non seulement rejetée, mais remplacée par une autre plus simple. À Saint-Omer, dans le Nord, une véritable émeute suivit l'installation d'un paratonnerre surmonté d'un globe terminé par une épée menaçant le ciel. La foule voulut détruire l'instrument et châtier l'audacieux novateur. L'ordre fut donné d'abattre le paratonnerre ; mais la cause fut défendue par un certain M. de Robespierre, alors jeune avocat, et le paratonnerre put rester sur la maison. Le paratonnerre fut alors adopté pour protéger les habitations et leurs occupants.
Sa vogue devint telle qu'on recommanda aux personnes menacées par la foudre de tirer l'épée et de la dresser contre les nuées orageuses. Inconsciemment, ils devenaient eux-mêmes des paratonnerres vivants. À Paris, les Dames ne voulurent pas laisser passer si belle

occasion de modifier leur toilette. La grande mode pendant l'année 1778 consista à porter un chapeau garni d'un ruban métallique et d'une petite chaîne d'argent qui tombait jusque sur les talons. En cas de foudroiement, cette dernière était supposée évacuer les charges électriques directement vers le sol[45].

Nous voyons que les croyances populaires ne font pas toujours une bonne interprétation des connaissances scientifiques, puisqu'en renforçant les effets de pointe et en attirant la foudre, ces pratiques augmentaient ainsi le risque de se faire foudroyer !

Au début du XXe siècle, on chercha à lutter contre la foudre à plus grande échelle, en s'attaquant directement aux nuages producteurs. On installa des réseaux de hauts pylônes reliés au sol par des fils de cuivre plongeant dans un puits. C'est la méthode dite du « Niagara électrique ». Ces systèmes étaient supposés drainer l'électricité du sol et la transmettre à l'atmosphère pour neutraliser la charge électrique des orages. À la même époque, des fusées produisant une fumée radioactive ont été utilisées pour provoquer l'écoulement de cette charge vers le sol. En 1924, dans le même objectif, aux États-Unis, V. Chaffee utilisait des particules de sable électrisées.

Entre 1930 et 1940, M. Dauzère, ancien directeur de l'Observatoire du Pic-du-Midi-de-Bigorre, mit au point un paragrêle radioactif à base de radium qui était supposé éjecter des ions dans les nuages pour neutraliser les charges négatives qui seraient contenues dans les gouttelettes d'eau.

Plus tard, on utilisera des fusées paragrêles déroulant derrière elles un fil métallique s'échappant d'une bobine amarrée au sol. L'ensemble fusée-fil équivaut à un paratonnerre de grande hauteur. Lancé en direction des nuages d'orage, il favorise le déclenchement de la foudre qui s'écoule le long du fil métallique. En provoquant des déclenchements précoces, on espère en limiter l'intensité. Ce procédé, développé aux États-Unis en 1963, a aussi été utilisé dans les années 1970, à Saint-Privat d'Allier, par Électricité de France (EDF) et le Commissariat à l'énergie atomique (CEA) pour étudier la physique de la foudre et de ses impacts ainsi que la protection des lignes électriques, des télécommunications et des équipements au sol ou embarqués sur aéronefs[46].

Par la suite, la suppression des éclairs a suscité un certain intérêt, lié en particulier au souci de réduire le nombre d'incendies de forêts allumés par la foudre et de diminuer les risques que celle-ci fait peser lors du lancement d'engins spatiaux. L'objectif le plus fréquent était de réduire les champs électriques au sein des orages pour empêcher les décharges de se produire. À cette fin, les foyers orageux étaient ensemencés de paillettes de plastique métallisé censées constituer des points de décharge capables de maintenir les valeurs du champ électrique en dessous du seuil de déclenchement des éclairs. D'autres projets visent à provoquer le déclenchement précoce de la foudre à l'aide de lasers à forte puissance produisant des plasmas qui évacueraient les charges électriques. Les résultats des expériences sur le terrain et des simulations numériques sont encourageants, mais une compréhension encore incomplète des processus mis en jeu n'a semble-t-il pas encore permis d'aboutir à une méthode fiable.

Chapitre 5

Modifier ou détourner les cyclones tropicaux

Le 29 août 2005, l'ouragan *Katrina* dévastait la Louisiane et La Nouvelle-Orléans, laissant derrière lui plus de 1 800 morts, des dizaines de milliers de blessés et des dégâts considérables. Les personnes sinistrées se comptaient par centaines de milliers. Les vents ont soufflé par endroits à plus de 280 km/h. Des vagues de 11 mètres de haut ont été observées au large de La Nouvelle-Orléans, et la ville, bâtie sous le niveau de la mer, a été inondée et dévastée. L'ouragan a continué sa course vers le nord, laissant les régions submergées ; plus tard, il s'est transformé en tempête extratropicale qui a soufflé ses rafales de vent et déversé des trombes d'eau sur le Québec.

Les cyclones tropicaux sont composés d'une bande de cellules convectives qui s'enroule en spirale autour d'une partie centrale, plus calme : l'œil du cyclone. Ils se développent dans les régions intertropicales et puisent leur énergie dans l'eau chaude des océans. Ils sont connus sous le nom d'ouragans dans l'Atlantique Nord, les Caraïbes et le Pacifique nord-est, de typhons dans le nord-ouest du Pacifique, de cyclones tropicaux dans l'océan Indien et le sud du Pacifique. Les plus développés peuvent atteindre 400 ou 500 km de diamètre et sont redoutés en raison de leurs pluies torrentielles et de leurs vents violents. Chaque année, ils font des milliers de victimes. L'échelle de Saffir-Simpson classe de 1 à 5 les ouragans de l'Atlantique Nord en fonction de la force des vents qui les accompagnent. Dans la catégorie 1, les vents soufflent entre 120 et 150 km/h. Dans la catégorie 5, ils soufflent à plus de 250 km/h. On compte, dans la région Atlantique Nord, une moyenne de cinq ouragans par an, toutes catégories confondues, et d'un ouragan de catégorie 5 tous les cinq ans.

Les premières expériences de modification d'un cyclone

La première tentative de modifier un cyclone tropical remonte à 1947, dans le cadre du projet *Cirrus*, mené aux États-Unis par la *General Electric*. Les ensemencements ont alors été concentrés sur un ouragan situé au large de la Floride. Environ 40 kg de neige carbonique ont été dispersés dans les cellules convectives sur une distance d'environ 160 km. Le cyclone qui se déplaçait vers le nord-est changea de direction peu de temps après les ensemencements pour se diriger vers l'ouest, directement sur les côtes de Caroline du Sud et de Géorgie. La crainte que le désastre occasionné ait été provoqué par les ensemencements entraîna aussitôt l'arrêt de toute expérience sur des cyclones pouvant atteindre des territoires habités[1].

De nouvelles expériences furent réalisées en 1961. L'hypothèse qui prévalait à l'époque supposait que la région entourant l'œil du cyclone était à la limite de l'instabilité et extrêmement riche en eau liquide surfondue. L'ensemencement devait provoquer la congélation d'un grand nombre de gouttelettes d'eau surfondue pour leur faire libérer la chaleur latente de congélation qu'elles renferment. On espérait ainsi que les courants ascendants, renforcés par cet apport d'énergie, provoqueraient une perturbation de la pression atmosphérique de surface, suffisante pour repousser les murs de nuage entourant l'œil. Par conservation du moment angulaire, comme un patineur ou une danseuse qui ralentissent leur rotation simplement en écartant les bras, repoussés du centre, les vents devaient alors souffler moins fort[2]. Cette hypothèse était cohérente avec le fait que les cellules les plus développées et les plus violentes sont situées près de l'œil, où elles forment un mur nuageux. Les vents observés y sont extrêmes, alors qu'à des distances plus grandes, les vents sont beaucoup moins violents.

Des ensemencements furent réalisés à partir de deux avions diffusant des particules d'iodure d'argent dans un cyclone en phase de renforcement. Peu de temps après, les observateurs notèrent que le cyclone s'était stabilisé et conservait une intensité à peu près constante. L'expérience fut considérée comme une réussite et fut le point de départ d'un énorme projet, nommé « Stormfury ».

L'expérience « Stormfury »

Le projet Stormfury, qui fut alors mis en place dans la même région, dura une dizaine d'années. Les ensemencements, à base d'iodure d'argent, étaient réalisés à partir d'une flotte comptant jusqu'à treize avions, mais très peu de cas purent être convenablement échantillonnés : d'une part, les cyclones tropicaux ne sont pas fréquents, et d'autre part tous ne se répondent pas aux critères d'ensemencement. À plusieurs occasions, les opérateurs rapportèrent avoir observé, peu de temps après les ensemencements, une désintégration du mur de nuages entourant l'œil, suivie de la formation d'un nouveau mur de plus grand diamètre. Les vents maximums étaient alors observés plus loin du centre avec des valeurs plus faibles d'environ 20 %.

La méthode évolua et la nouvelle stratégie consista à ensemencer massivement, non plus les cellules proches de l'œil, mais les cellules orageuses de second rang. L'objectif était d'en renforcer le développement en espérant ainsi couper l'alimentation en chaleur et en humidité des cellules du mur, plus proches de l'œil et plus violentes. Les cellules ensemencées devaient alors former à leur tour un mur, de plus grand diamètre, accompagné de vents moins violents.

À l'occasion de deux expériences, les opérateurs ont noté que les vents maximums s'étaient éloignés du centre et que leur intensité avait diminué de 15 % dans un cas et 30 % dans l'autre. Les premières conclusions tirées de l'expérience[3] indiquent que les ensemencements auraient provoqué une décroissance des vents maximums de 10 à 15 % et des dégâts occasionnés de 20 et 60 %. Ils n'auraient cependant eu aucun effet notable sur la trajectoire des cyclones traités, ni sur les quantités de pluie.

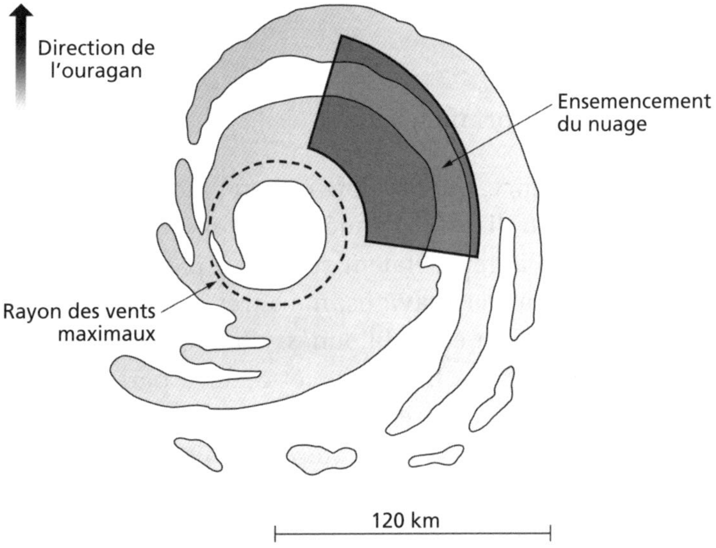

Région d'ensemencement d'un ouragan dans l'expérience Stormfury. (D'après R.C. Sheets[4].) Au centre de la figure, on distingue l'œil du cyclone, d'un diamètre d'environ 40 km. La région préconisée pour les ensemencements est en gris foncé.

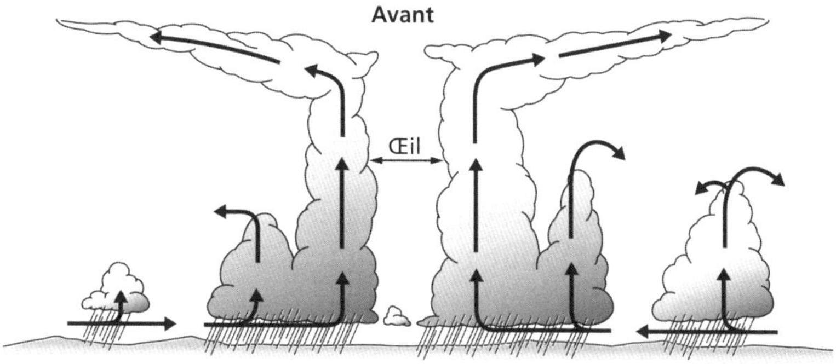

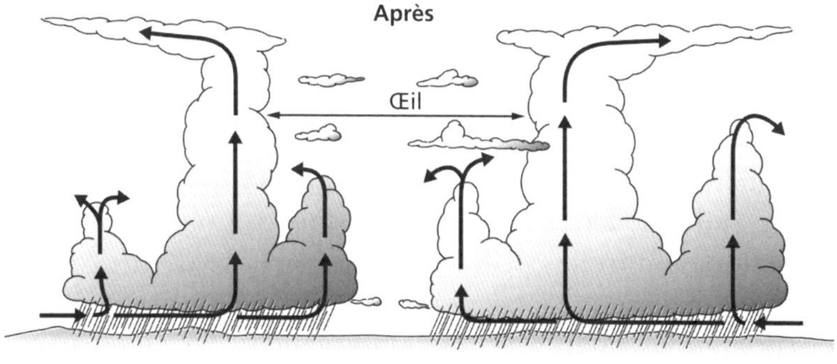

Coupe verticale d'un ouragan. En haut, les cellules fortement développées, qui forment le mur du cyclone et sont accompagnées des vents les plus violents, sont proches de l'œil. En bas, le résultat attendu des opérations. Les ensemencements devaient favoriser le développement de nouvelles cellules convectives plus loin de l'œil, capables de capter une grande partie de la vapeur d'eau et de provoquer le déclin des cellules formant le mur. Les cellules les plus développées, plus éloignées du centre, seraient le siège de vents moins forts. (D'après Simpson *et al.*, 1978[5], reprise par Cotton et Pielke, 2007[6].)

Les espoirs déçus

Cependant, une série de mesures, réalisées quelques années plus tard à l'aide d'avions instrumentés et de radars, a montré que les cyclones tropicaux contenaient très peu d'eau liquide surfondue. La congélation naturelle y est très efficace dès que la température devient inférieure à – 5 ou – 10 °C[7]. Cette particularité est associée à plusieurs facteurs. D'une part, les courants ascendants sont lents. Ils ne dépassent pas 15 à 20 km/h, quand ils peuvent atteindre 100 ou 150 km/h dans les orages continentaux. Les gouttes d'eau ont alors largement le temps de grossir puis de se congeler avant d'atteindre de grandes altitudes. D'autre part, non seulement les noyaux de congélation naturels ne manquent pas, mais il existe dans ces nuages un mécanisme de multiplication de la glace qui permet la création de plusieurs centaines voire milliers de cristaux à partir d'un seul noyau de congélation. En conclusion, il ressortait de ces observations que les ensemencements à base d'iodure d'argent ne pouvaient avoir qu'un effet très limité sur le développement et l'évolution d'un cyclone tropical.

De leur côté, H.E. Willoughby et ses collaborateurs ont montré en 1982 que les phases d'expansion de l'œil, accompagnées d'une réduction des vents maximums, représentaient des pulsations naturelles et fréquentes de la vie d'un cyclone, ensemencé ou pas[8]. Il était donc impossible d'évaluer le succès des opérations à partir de telles observations. Le fait qu'à trois reprises on ait observé des pulsations du système peu de temps après les ensemencements pouvait être le pur fruit du hasard.

L'expérience Stormfurry semble avoir été lancée de façon un peu trop hâtive, sans s'être assuré de la validité des hypothèses de base et sans s'être vraiment donné les moyens de les vérifier. L'équipe de Willoughby en conclut que l'expérience présentait deux maillons faibles : elle était ni physiquement réalisable, ni statistiquement vérifiable. D'une part, les observations réalisées ultérieurement ont en effet mis en évidence que l'ensemencement à base d'iodure d'argent ne pouvait être efficace en raison du faible contenu en eau liquide surfondue et du trop grand nombre de cristaux de glace naturels. D'autre part, les changements de comportement attendus pour valider l'impact des opérations étaient le plus souvent impossibles à distinguer des évolutions naturelles des cyclones étudiés.

Un foisonnement de propositions

On a alors imaginé d'autres techniques pour réduire la violence des cyclones ou changer leur trajectoire. Toutefois, leur mise en œuvre n'était pas facile, ce qui explique peut être pourquoi elles sont restées à l'état d'études et ont rarement été testées en vraie grandeur. Nous en citerons quelques-unes et n'examinerons pas celles qui sont supposées faire intervenir des énergies comparables aux énergies considérables développées par les cyclones, car trop peu réalistes.

Les ensemencements hygroscopiques

L'expérience Stormfury visait renforcer les cellules orageuses éloignées du centre de l'œil au détriment des plus proches, mais les hypothèses adoptées supposaient la présence de grandes quantités d'eau liquide surfondue. D'autres scientifiques reprennent l'idée[9]. Ils considèrent que beaucoup d'énergie est perdue parce que les gouttes d'eau liquide précipitent prématurément sans avoir libéré la chaleur latente de congélation qu'elles contiennent. Ils proposent alors d'ensemencer la base des cellules de second rang avec de grandes quantités de noyaux hygroscopiques. Ils espèrent ainsi créer une concurrence entre les gouttelettes pour récupérer l'eau disponible et les empêcher de grossir. Plus petites, elles monteraient plus vite et auraient plus de chance d'atteindre les niveaux où la température est négative. La chaleur libérée au moment de leur congélation donnerait alors une impulsion supplémentaire aux cellules supposées engendrer un nouveau mur plus éloigné de l'œil.

Absorber l'eau des nuages

Dans plusieurs opérations de modification des nuages, le ciment avait été utilisé pour absorber une partie de l'eau et créer de grosses gouttes de solution capables de précipiter plus rapidement (voir le chapitre 2). De son côté, la Société Dyn-O-Mat Inc. a proposé d'ensemencer les cyclones tropicaux avec un polymère utilisé pour la fabrication de couches absorbantes pour bébés. Ce produit peut en effet être fabriqué sous forme d'une poudre capable de se gorger de 1 500 fois son poids d'eau ; il se transforme alors en une gelée qui est supposée se dissoudre ensuite dans l'eau salée de l'océan. En 2001, une expérience a été réalisée en Floride dans un cumulus en développement. Sur le terrain, les témoins ont observé une dissipation complète du nuage peu après son ensemencement. Les instigateurs ont alors proposé d'appliquer cette méthode à la dissipation des cyclones tropicaux, mais, apparemment, à ce jour aucune suite n'a été donnée au projet. Il faut cependant être conscient que le lien entre la dissipation du cumulus et les ensemencements n'a pas été prouvé. Par ailleurs, les quantités mises en jeu dans un cumulus n'ont rien à voir avec celles que l'on rencontre dans un ouragan : absorber toute l'eau disponible dans un ouragan nécessiterait quelques centaines de milliers de tonnes de polymère. Et même si cela était possible, peut-on imaginer qu'il suffit de vider un cyclone de son eau pour le dissiper ? Il ne s'agit pas d'une outre : l'eau y est sans cesse renouvelée.

Déstabiliser la machine thermique

Globalement, on peut considérer que le cyclone tropical fonctionne comme une machine thermique qui produit de l'énergie en transportant de la chaleur depuis une source chaude vers une source froide. La source chaude est l'océan et les couches de l'atmosphère près de la surface. La chaleur est transportée par les courants ascendants sous forme de chaleur sensible (celle qu'on ressent) et de chaleur latente qui est contenue dans la vapeur d'eau et sera libérée au moment de la formation de gouttelettes d'eau liquide ou de cristaux de glace. La source froide est l'atmosphère de la moyenne et de la haute troposphère (entre 3 et 15 km d'altitude) que les courants d'air chaud réchauffent et où les nuages se forment. On pourrait donc imaginer réduire l'activité des cyclones en limitant l'évaporation à la surface de l'océan pour neutraliser leur source chaude ou en recouvrant le sommet des nuages de noir de carbone pour réchauffer leur source froide.

Limiter l'évaporation de l'océan : une mer d'huile

Dans la tempête, on raconte que les marins en péril versaient des barils d'huile pour calmer les flots tumultueux. L'huile est plus légère que l'eau et s'étale à sa surface. De la même façon, on utilise des films mono-moléculaires pour réduire l'évaporation de grandes pièces d'eau. Pourquoi ne pas utiliser ces techniques pour limiter l'évaporation des océans et priver les cyclones de leur alimentation en eau ? En fait, la méthode, qui a fait l'objet de nombreuses études, ne résiste pas à la moindre évaluation, même la plus rudimentaire. Les vents tempétueux qui accompagnent les cyclones auraient rapidement brisé les films et dispersé les molécules. Il est probable que le recours aux barils d'huile ne devait pas mettre les marins à l'abri bien longtemps.

Modifier les nuages par absorption de l'énergie solaire

En 1976, des chercheurs ont proposé de modifier le temps en rejetant dans l'atmosphère de grandes quantités de carbone[10]. Ils font remarquer que 60 à 80 % de l'énergie solaire qui atteint la surface de la Terre est utilisée dans des processus d'évaporation de l'eau des sols, des lacs ou des océans et d'évapotranspiration des végétaux. Capter une partie de cette énergie solaire à l'aide de fines particules de carbone permettrait de créer une nouvelle source de chaleur sensible pour l'atmosphère. Il s'agirait de produire des particules de carbone d'environ 0,1 micromètre de diamètre en brûlant du pétrole ou du charbon et de les disperser dans l'atmosphère à partir d'avions, de bateaux ou de brûleurs installés au sol. Un kg de carbone absorbe 40 milliards de calories du rayonnement solaire et 25 kg suffiraient pour réchauffer d'une dizaine de degrés Celsius, en seulement 10 heures une couche d'atmosphère de 500 mètres d'épaisseur et de 1 km^2 de superficie. Les applications envisagées ne se limitent pas à l'atténuation des cyclones tropicaux. Elles couvrent également des domaines aussi variés que l'augmentation des précipitations, la génération de cirrus destinée à réduire la température pendant les épisodes de canicule ou la sévérité des épisodes de gel, l'atténuation des dépressions des régions tempérées, ou l'accélération de la fonte des neiges recouvrant les régions agricoles. Deux mille tonnes de carbone suffiraient à atténuer l'intensité d'un cyclone tropical.

Cependant, l'efficacité réelle de telles méthodes n'a jamais été démontrée et rien ne garantit que les désagréments de ses effets secondaires ne soient très supérieurs aux bénéfices éventuels. Il n'est pas sûr non plus que ce type d'approche reçoive beaucoup de soutien à une époque où l'on cherche plutôt à réduire la consommation des combustibles fossiles et la pollution de l'air.

Conclusions sur les cyclones tropicaux

Nous voyons que malgré plus de soixante ans de recherches sur le sujet, il n'existe aujourd'hui aucune technique permettant de dissiper les cyclones tropicaux ou de les détourner de leur trajectoire. Aucun modèle conceptuel universellement reconnu ne permet de penser qu'il est possible d'agir sur ces phénomènes. Les processus mis en jeu sont extrêmement violents et encore mal compris. Aussi improbable que soit la possibilité de détourner un cyclone tropical de sa trajectoire, les opérations qui seraient menées dans ce sens risquent fort de se voir imputer la responsabilité d'un éventuel désastre.

Chapitre 6

Dompter le climat et refroidir la planète

Nous ne pouvions terminer cet inventaire sans rappeler les propositions visant à refroidir artificiellement la planète et à lutter contre l'augmentation de la concentration des gaz à effet de serre.

Depuis le début de l'ère industrielle, le contenu de l'atmosphère en gaz à effet de serre a fortement augmenté et cette évolution serait responsable d'une grande partie des modifications observées dans le climat de la planète : augmentation de la température moyenne de la Terre, élévation du niveau moyen des océans, fonte des glaciers et d'une partie des calottes glacières...[1] Les conséquences attendues au cours du XXIe siècle pouvant devenir dramatiques, les projets en géo-ingénierie, destinés à lutter contre ces perturbations, se sont multipliés.

La température moyenne de la planète dépend à la fois de l'énergie reçue du Soleil, de son absorption par la surface terrestre et de la présence des gaz à effet de serre qui empêchent une partie de l'énergie émise à son tour par la planète de s'échapper vers l'espace intersidéral. Pour empêcher la température de s'élever, les solutions envisagées consistent donc soit à limiter le rayonnement solaire absorbé par la surface terrestre, soit à réduire les quantités de gaz à effet de serre présentes dans l'atmosphère.

Réduire le rayonnement solaire absorbé à la surface de la Terre

Le réchauffement associé à l'augmentation des gaz à effet de serre pourrait être compensé par une réduction de quelques pourcents du rayonnement solaire absorbé par la surface de la Terre. Ainsi, de nombreuses idées ont été avancées pour développer des écrans entre le Soleil et la planète ou pour augmenter le pouvoir réfléchissant du sol.

Injecter du soufre dans la stratosphère

Dans le passé, on a observé que les grandes éruptions volcaniques étaient accompagnées d'une chute de la température moyenne du globe de quelques dixièmes de degrés qui pouvait durer quelques années. Ces éruptions éjectent des quantités importantes de poussières et d'aérosols qui réduisent le rayonnement solaire atteignant la surface terrestre. Dans la troposphère, ces aérosols ne restent que quelques jours avant d'être lessivés par les précipitations. Mais ceux qui atteignent la stratosphère peuvent y séjourner plusieurs années. Ainsi l'éruption du Pinatubo, aux Philippines, en 1991, injecta dans la stratosphère 10 à 20 millions de tonnes de dioxyde de soufre, entraînant un refroidissement de la planète de près de 0,5 °C pendant plus d'une année.

Pour exploiter ce phénomène, W.R. Cotton suggère en 2008 de stimuler l'activité volcanique et favoriser ainsi les éruptions et l'injection, par ces dernières, d'aérosols dans la stratosphère[2]. Il reconnaît toutefois la difficulté de la tâche et la nécessité d'étudier d'abord à la fois la faisabilité, l'impact et les effets secondaires d'une telle entreprise.

Sur les mêmes bases, en 1974, M. Budyko, de l'Observatoire de Saint-Pétersbourg en Russie, suggère d'injecter du soufre ou des aérosols sulfatés directement dans la stratosphère. Plus tard, l'idée est reprise par Paul Crutzen[3], prix Nobel de chimie en 1995, qui propose de larguer quelques millions de tonnes de soufre ou de sulfure d'hydrogène à l'aide de ballons stratosphériques à des altitudes comprises entre 15 et 50 km. Là, ces composés sont convertis en minuscules particules de sulfate qui réfléchissent une partie du rayonnement solaire. Crutzen note que les quantités envisagées ne sont pas exceptionnelles car nous envoyons déjà près de 55 millions de tonnes de dioxyde de soufre dans l'atmosphère chaque année. Pour compenser un doublement de la concentration en gaz carbonique par ce procédé, il estime le coût des opérations à près de 40 milliards d'euros par an.

Cependant, les aérosols de soufre sont très nocifs, ils provoquent les pluies acides qui détériorent les forêts et sont responsables, selon l'Organisation mondiale de la santé, de plusieurs centaines de milliers de décès prématurés chaque année. Par ailleurs, la méthode ne permet pas de compenser l'impact local des gaz à effet de serre. En effet, elle permettrait de limiter le rayonnement, et donc la température, uniquement sur les zones éclairées par le soleil. Alors que les gaz à effet de serre réchauffent l'ensemble de la planète, de nuit comme de jour, et plus fortement les régions polaires qui passent pourtant six mois par an dans la nuit. La réduction du réchauffement des régions polaires est considérée comme un aspect important de la lutte contre le changement climatique car lorsque les glaces fortement réfléchissantes fondent, elles sont remplacées par le sol ou par la surface de l'océan qui absorbent beaucoup plus d'énergie solaire, ce qui amplifie le réchauffement général de la Terre. Une étude approfondie[4] montre aussi que la méthode proposée détruirait une partie de la couche d'ozone stratosphérique qui nous protège des rayonnements ultraviolets du Soleil, hautement cancérigènes. Or nous cherchons depuis de nombreuses années à rétablir l'ozone détruit par l'impact des chlorofluorocarbones utilisés dans les bombes aérosols ou comme gaz réfrigérants. D'autres objections ont été exprimées car une telle méthode rendrait en permanence le ciel d'une couleur laiteuse et aurait vraisemblablement des effets importants sur notre qualité de vie et sur le développement des végétaux.

Rendre les nuages plus réfléchissants

Le pouvoir réfléchissant d'un nuage est fonction de sa concentration en gouttelettes. Plus elles sont nombreuses plus elles renvoient d'énergie solaire. Ainsi, les nuages qui se développent dans les régions continentales polluées empêchent-ils une grande partie du rayonnement de traverser. Leurs fortes concentrations en gouttelettes sont dues à la présence de nombreux aérosols offrant un support à la condensation de la vapeur d'eau. À l'inverse, en raison du faible nombre d'aérosols présents, les nuages au-dessus des océans possèdent beaucoup moins de gouttelettes. On pourrait alors envisager d'augmenter leur pouvoir réfléchissant en les ensemençant à l'aide de noyaux hygroscopiques. Des mesures mettent d'ailleurs en évidence que, dans la trace des navires, les nuages ont le plus souvent des concentrations en gouttelettes beaucoup plus élevées qu'aux alentours. Cette perspective paraît d'autant plus intéressante que des nuages bas comme les stratocumulus marins couvrent environ le quart des océans.

Peu avare de projets gigantesques et originaux, J. Latham suggère d'utiliser des particules de solution[5]. À cette fin, il propose de construire une flotte de bateaux équipés de longues cheminées permettant d'envoyer dans l'atmosphère de fines particules d'eau de mer. À défaut d'atteindre directement les nuages, ces gouttelettes peuvent s'évaporer et libérer, sous forme de cristaux, le sel qu'elles contiennent. L'augmentation du nombre de noyaux de condensation présents dans l'atmosphère devrait ensuite favoriser la formation d'un plus grand nombre de gouttelettes dans les nuages qui s'y développent. Latham estime à 1 500 bateaux la flotte qui permettrait de compenser un doublement du gaz carbonique. Des études sont encore nécessaires pour estimer la faisabilité, le coût et les possibles effets secondaires d'un tel projet. Les nuages très riches en gouttelettes ayant plus de mal à donner de la pluie, sa mise en œuvre pourrait par exemple entraîner une diminution des précipitations arrosant les régions côtières.

Un nuage de parasols

De son côté, R. Angel imagine couvrir l'espace qui sépare la Terre du Soleil d'une multitude de petits disques jouant le rôle de parasols[6]. Il existe une région, située à un million et demi de kilomètres de distance de la Terre, où la force d'attraction du Soleil est égale à celle de la Terre et où de petits objets peuvent se maintenir à l'équilibre. Angel suggère d'utiliser des fusées pour placer dans cette région de petits disques de 60 cm de diamètre, équipés d'un système de navigation. Pour obtenir un effet notable, il faudrait créer un nuage de 100 000 km de long, composé de plusieurs milliers de milliards de disques. Bien que chaque disque soit très léger, l'ensemble pèserait près de 20 millions de tonnes. Au rythme d'un million de disques par minute, il faudrait environ trente ans pour mettre en place ce nuage.

Peindre les déserts en blanc

Une surface qui réfléchit la lumière se réchauffe moins qu'une surface qui l'absorbe. La répartition des surfaces plus ou moins réfléchissantes qui recouvrent la Terre a un effet non négligeable sur sa température. Ainsi, lorsque la fonte des glaciers remplace des surfaces blanches et très réfléchissantes par des surfaces sombres et plus absorbantes, il en résulte à la fois une augmentation de l'énergie absorbée et de la température de surface.

Plusieurs projets avaient ainsi pour objectif d'augmenter le pouvoir réfléchissant de la Terre (son albédo) en envisageant par exemple de peindre les déserts en blanc. Toutefois, un simple calcul montre que ce type d'action ne peut avoir que des effets limités et très insuffisants. À plus petite échelle, on trouve aussi des études qui suggèrent de peindre en blanc les immeubles des grandes agglomérations pour réduire la température dans les îlots de chaleur urbains résultant de l'absorption du rayonnement solaire par les briques et le béton.

Réduire l'effet de serre

Plusieurs méthodes ont aussi été proposées pour réduire l'effet de serre, un processus naturel qui contribue à maintenir une température élevée à la surface de la planète compatible avec la vie, en dissipant certains nuages ou en extrayant une partie du gaz carbonique de l'air. Des chercheurs de l'Université de Colombia, aux États-Unis, suggèrent par exemple de construire des « arbres artificiels » capables de collecter le gaz carbonique de l'air et de le réduire en poudre[7]. Cette dernière pouvant ensuite être stockée directement dans le sol.

Dissiper les voiles de cirrus et les traînées de condensation

Les cirrus, les cirrostratus et les traînées de condensations produites par les avions s'opposent peu au passage du rayonnement solaire et retiennent une partie du rayonnement terrestre. On considère que leur bilan global contribue au réchauffement de la Terre ; ils participent ainsi à l'effet de serre[8]. W.R. Cotton suggère de les ensemencer avec de la suie ou des aérosols carbonés pour absorber une partie du rayonnement solaire et tenter ainsi de les réchauffer suffisamment pour les dissiper[9].

Cependant, de telles opérations pourraient avoir un impact sur la pluviométrie et sur le cycle de l'eau de la planète. Par ailleurs, l'ensemble des effets secondaires, associés à la présence de grandes quantités de suie dans l'atmosphère, reste à étudier.

Favoriser la croissance des algues gourmandes en gaz carbonique

L'océan a une très forte capacité à absorber du gaz carbonique. Cependant, seule une petite partie des eaux est en contact avec l'atmosphère, et les eaux de surface sont ainsi rapidement saturées. Les principaux transferts prennent place dans les régions de plongée des eaux froides de surface et dans la croissance de microorganismes qui s'alimentent de gaz carbonique avant de couler dans les profondeurs.

Des scientifiques suggèrent de brasser l'eau et de stimuler la croissance d'une algue marine microscopique du phytoplancton, qui consomme de grandes quantités de gaz carbonique[10]. Pour cela, ils proposent de placer dans les océans des milliers de tubes de grande dimension (environ 100 mètres de long et de 10 mètres de diamètre) qui, comme des ascenseurs, feraient remonter des eaux profondes pour enrichir les eaux de surface.

La croissance du phytoplancton étant favorisée par la présence de fer, il a aussi été suggéré d'ensemencer les océans avec de la limaille[11]. Parmi l'ensemble des projets envisagés pour refroidir la planète, celui-ci est certainement le plus simple à mettre en œuvre. Des opérations ont ainsi été menées, en 1993 et 1995, au large de l'archipel des Galápagos. Hélas, des chercheurs démontrent qu'elles n'ont aucun fondement scientifique et présentent des risques non négligeables car avant de s'enfoncer vers les grandes profondeurs, le planton absorberait une partie de l'oxygène dont les organismes marins ont besoin pour vivre[12]. De plus, l'absorption de grandes quantités de gaz carbonique acidifierait l'océan au point de dissoudre une grande partie du plancton, un résultat opposé à celui qui est recherché. Il convient aussi de remarquer que certains organismes du plancton produisent des toxines mortelles pour de nombreux êtres vivants qui seraient alors en danger en cas de prolifération du plancton.

Stocker le gaz carbonique

Le piégeage et le stockage du gaz carbonique produit par l'industrie ou les centrales thermiques font partie des moyens envisagés pour réduire les émissions atmosphériques. Selon le Groupe d'experts intergouvernemental sur l'évolution du climat (GIEC), cette méthode pourrait contribuer à 10 ou 15 % des efforts de réduction des gaz à effet de serre. Plusieurs entreprises, en particulier dans le domaine pétrolier, travaillent sur le sujet. La technique la plus simple consisterait à produire un flux concentré de gaz carbonique à haute pression qui puisse être acheminé aisément vers un lieu de stockage pour l'isoler de l'atmosphère pendant une longue période. Les principales méthodes de stockage envisagées sont : la fixation industrielle dans des carbonates inorganiques, le dépôt dans les couches profondes de l'océan ou l'injection dans le sous-sol.

Dans des conditions particulières de température et de pression, la péridotite, principale roche du manteau terrestre, réagit avec le gaz carbonique, ou dioxyde de carbone (CO_2), pour former des calcites, magnésites ou dolomites. D'après les recherches menées à l'Université de Columbia, cette cristallisation permettrait de stocker plusieurs gigatonnes (ou milliards de tonnes) de dioxyde de carbone par an. Cependant, la majeure partie de la péridotite, issue de la cristallisation du magma, est située à une trentaine de kilomètres de profondeur et seuls les pays où elle affleure la surface terrestre (Oman, Papouasie, Nouvelle-Guinée, Calédonie, Californie...) pourraient bénéficier d'une telle méthode.

Il semblerait aussi possible d'injecter directement le CO_2 piégé dans les océans, à plus de 1 000 mètres de profondeur, où la plus grande partie serait isolée de l'atmosphère pendant des siècles. La rétention pourrait être augmentée en formant des hydrates solides ou des lacs liquides de CO_2 au fond des océans. La possibilité de procéder à un stockage océanique n'a cependant pas encore été démontrée. Elle modifierait de façon sensible la chimie des eaux et leur acidité et nuirait aux organismes marins (baisse du taux de calcification, de reproduction...). On ne sait pas encore très bien comment les espèces et les écosystèmes s'adapteraient à de telles modifications de leur environnement.

D'autres sites de stockage envisagés sont les gisements de pétrole et de gaz épuisés, les veines de charbon inexploitables et les nappes souterraines d'eau salée. Mais la mise en œuvre de ces solutions présente encore de nombreuses difficultés tant techniques, qu'économiques et sociétales. Comme le rappelle la tragédie survenue au Cameroun en 1986, où plus d'un millier de personnes sont mortes lors d'un dégazage naturel, le gaz carbonique est mortel à haute dose. En raison des risques de fuite, de nombreuses associations s'opposent au stockage massif de gaz carbonique près des zones habitées.

Conclusions sur le climat

Si, pour refroidir la planète les idées foisonnent, la plupart d'entre elles relèvent de la fiction et, à ce stade des recherches, leurs effets sont incertains. Nous ignorons l'ensemble des conséquences possibles, qui dans certains cas seraient incontrôlables et bien plus graves que les effets combattus. Les recherches devront donc être poursuivies, mais certaines pourraient bientôt aboutir. Les solutions arrivent parfois au moment où on les attend le moins. Cet optimisme ne doit toutefois pas nous faire oublier qu'il n'existe pas aujourd'hui de solution acceptable. La réflexion menée sur des techniques de géo-ingénierie ne doit pas nous empêcher de développer en parallèle des méthodes plus sûres et plus efficaces, visant à modifier nos politiques énergétiques et à réduire la pollution et le gaz carbonique que nous produisons de façon quotidienne.

ÉPILOGUE

Bilan et perspectives

Depuis des millénaires, l'Homme cherche à modifier le temps et le climat pour accroître ses ressources en eau et combattre les conditions météorologiques défavorables. Les méthodes ont évolué au gré des croyances, des connaissances et des moyens disponibles. L'origine des techniques modernes de modification artificielle du temps remonte à la découverte, en 1875, du rôle des aérosols dans la formation des nuages, puis dans les années 1940, de la possibilité de transformer en cristaux de glace les gouttelettes d'eau surfondue. Les recherches, qui ont alors été poursuivies jusqu'à nos jours, ont été une aubaine pour enrichir notre compréhension des mécanismes de formation des nuages et des précipitations de pluie, de grêle ou de neige. Ces avancées ont eu des répercussions importantes, en particulier sur la qualité des prévisions du temps et la simulation des changements climatiques.

On a compris que les systèmes météorologiques font intervenir des quantités d'énergie si prodigieuses qu'il est impossible de créer artificiellement des nuages capables de fournir des quantités appréciables de pluie. Il n'est pas non plus possible de modifier la trajectoire du vent pour augmenter les concentrations en vapeur d'eau dans une région donnée. La seule approche envisageable consiste à tirer parti de la sensibilité de certains paramètres microphysiques dont on pourrait infléchir sensiblement l'évolution naturelle à l'aide de petites perturbations.

Plusieurs expériences, réalisées sur des systèmes naturels comme des brouillards, des nuages en nappe ou des cumulus, montrent que l'on peut changer leur microstructure. Cela a aussi été démontré en laboratoire et confirmé par des simulations numériques. Cependant, il existe aujourd'hui peu d'indices physiques prouvant que l'on pourrait exercer une action prononcée sur les précipitations, la grêle, la foudre ou les vents, par des moyens artificiels.

Quel niveau de confiance peut-on attribuer aux différentes techniques ?

Résumons l'état d'avancement des techniques qui ont été présentées dans les chapitres précédents. Tout d'abord, nous pouvons conclure de cette rétrospective que plus les systèmes météorologiques sont vigoureux et capricieux, plus il paraît difficile d'en contrôler les évolutions et de mesurer l'impact des opérations engagées.

Ainsi, aucun indice ne permet aujourd'hui de penser que l'on pourrait réduire la puissance des cyclones, des typhons ou des ouragans. En revanche, il est en théorie possible de dissiper toute forme de brouillard en produisant une quantité suffisante de chaleur ou en brassant l'air par des moyens mécaniques. Ces méthodes sont cependant peu utilisées parce que le coût de leur mise en œuvre est le plus souvent prohibitif. La dissipation des brouillards surfondus peut être obtenue à l'aide de substances glaçogènes d'utilisation plus facile et moins onéreuse. Il a aussi été démontré que l'ensemencement hygroscopique pouvait accroître la visibilité dans certains types de brouillards chauds, mais cette technique pose des problèmes d'efficacité, de coût et d'impact sur l'environnement, les agents d'ensemencement utilisés étant le plus souvent assez corrosifs.

La possibilité de modifier la microstructure de certains nuages par ensemencement glaçogène ou hygroscopique a été démontrée à maintes occasions. Plusieurs cas de dissipation de nuages mixtes peu épais ont ainsi pu être observés, mais il est beaucoup moins certain que ces transformations aient pu entraîner une augmentation des précipitations atteignant le sol. L'ensemencement de cumulus surfondus au moyen d'agents glaçogènes n'a généralement pas produit les résultats recherchés. Plusieurs explications ont été avancées, mais les questions soulevées n'ont pas encore trouvé de réponse. Dans plusieurs expériences l'ensemencement hygroscopique de ce type de nuage a donné des résultats intéressants, mais difficiles à interpréter car ils étaient très différents des effets attendus. Des efforts de recherche devront être consentis si l'on veut comprendre les comportements observés et faire avancer les techniques d'intervention. L'examen d'un grand nombre d'expériences et de simulations numériques n'a apporté aucune preuve convaincante de la possibilité d'augmenter les précipitations atteignant le sol. Aujourd'hui, l'ensemencement glaçogène de certains nuages stratiformes et orographiques en phase mixte paraît le moyen le plus prometteur pour atteindre cet objectif.

Enfin, les techniques à base d'iodure d'argent ou de noyaux hygroscopiques, qui ont été élaborées pour lutter contre la grêle, sont complexes à mettre en œuvre en raison de la violence et de la diversité des nuages producteurs. Aucune opération n'a pu démontrer qu'il était possible par ces moyens de réduire les dégâts provoqués. Les méthodes faisant appel à des canons anti-grêle ou à des appareils à ionisation ne reposent sur aucune base scientifique.

Les principaux facteurs d'échec

Qu'est-ce qui a donc pu limiter à ce point à la fois le développement et la mise en évidence de méthodes d'intervention efficaces ?

Deux facteurs principaux permettent d'expliquer en grande partie ces échecs : une compréhension encore insuffisante de la chaîne des processus qui conduisent de l'ensemencement à la formation des précipitations ; une très forte variabilité du comportement des nuages qui rend difficile toute évaluation.

Une mauvaise compréhension des processus en jeu

Les hypothèses utilisées dans la mise au point d'une opération visant à modifier les précipitations doivent tenir compte de toute la complexité des mécanismes mis en jeu et de tous les comportements possibles des nuages. Ainsi par exemple, la méthode soviétique, qui a été très largement diffusée dans le monde pour supprimer la grêle, avait été mise au point pour répondre à une structure bien particulière des orages grêligènes (voir le chapitre 4). Or les études réalisées ultérieurement, dans le cadre du NHRE, ont mis en évidence l'existence d'une très grande variété de structures. Elles ont montré qu'il était peu probable que cette méthode puisse s'appliquer de façon bénéfique aux plus violents des orages, les systèmes supercellulaires. Le même type de traitement ne pouvait être adapté à tous les nuages, certains pouvant ne pas réagir, d'autres pouvant aggraver les effets combattus.

Le problème est de savoir comment un nuage va se comporter et quel mode d'ensemencement serait préférable ou même, dans certains cas violents, s'il ne vaudrait pas mieux s'abstenir de toute action. Or, les périodes d'intervention possibles (ou fenêtres d'opportunité) sont très limitées ; une fois que l'on a observé la structure adoptée par un nuage, il est en général déjà trop tard. Les modèles de prévision numérique fournissent une aide précieuse : en moins d'une heure, ils réalisent une quantité de calculs qu'il me faudrait plusieurs millénaires pour réaliser à l'aide d'une simple calculette. Mais ils ne peuvent simuler que les mécanismes qu'on leur a correctement décrits. Des informations incomplètes ou erronées ne leur permettent pas de faire les bons calculs, ni d'obtenir les bons résultats. Ainsi, ils ne savent pas encore prévoir précisément la structure ou le comportement de chaque nuage, ni son évolution sous l'effet des agents d'ensemencement.

Une évaluation rendue difficile par le comportement des nuages

Devant l'incapacité qu'il y a à prévoir le comportement d'un nuage qui se développe, il est extrêmement difficile de comprendre l'impact des ensemencements. Comment le nuage se serait-il comporté naturellement ? Comment a-t-il réagi aux ensemencements ? En absence de toute intervention artificielle, aurait-il donné plus ou moins de grêle, plus ou moins d'eau, ou pas d'eau du tout ? Quelle aurait été la trajectoire réellement suivie par le cyclone ?

Il serait aisé de déceler les effets produits par l'ensemencement artificiel d'un système nuageux s'il était possible de prévoir exactement les précipitations que ce système allait normalement fournir en absence d'intervention. Or, notre capacité à prévoir le comportement naturel des systèmes nuageux est encore limitée et les effets de l'ensemencement se situent presque toujours dans les limites de la variabilité naturelle (faible rapport signal/bruit).

Devant cette incapacité, il reste le recours aux méthodes statistiques. Certaines opérations ont tenté d'évaluer les résultats en se fondant sur des comparaisons historiques : on compare alors les quantités (de pluie, de neige, de grêle, de dégâts…) observées pendant les années qui précédaient la mise en place des opérations à celles des années qui la suivent. D'autres y ont rajouté des comparaisons avec l'évolution des quantités observées pendant les mêmes périodes dans les régions voisines. Mais ces évolutions dépendent fortement de nombreux paramètres qui n'ont rien à voir avec les ensemencements. On connaît les caprices du climat, on sait qu'il est changeant, qu'il varie fortement d'une année sur l'autre, qu'il n'évolue pas de la même façon dans toutes les régions même très voisines. La situation est encore compliquée par les effets indirects que peut avoir le développement des mégapoles et des pratiques agricoles sur l'atmosphère et sur la formation des nuages et des précipitations. Par ailleurs, de plus en plus d'éléments donnent à penser que les changements climatiques pourraient entraîner une modification importante des quantités de précipitations et de leur répartition géographique.

L'utilisation de données économiques ou provenant des compagnies d'assurances se heurte aux mêmes difficultés et introduit d'autres facteurs qui masquent eux aussi les évaluations, comme par exemple le prix du marché ou les variations des conditions d'indemnisation, la sensibilité des cultures, les maladies des végétaux, les modes de gestion, etc.

Devant une très forte variabilité de comportement du climat et des nuages, et en raison d'une compréhension insuffisante des mécanismes mis en jeu, la méthode considérée comme étant la plus objective pour évaluer les opérations d'ensemencement reste le tirage au sort. Il s'agit alors de choisir de façon aléatoire les systèmes qui seront ou non ensemencés. On espère ainsi récupérer assez vite deux populations indépendantes qui pourront être comparées. Ce procédé est bien connu, en particulier en médecine pour tester certains médicaments ou certaines méthodes thérapeutiques. Parmi les candidats, on sélectionne de façon aléatoire ceux qui recevront un placebo et ceux qui recevront le traitement à tester. L'évaluation est d'autant plus difficile à réaliser que l'effet produit est faible. Si l'effet attendu est très net chez tous les sujets traités, et absent chez les autres, l'évaluation de la méthode sera rapide, elle pourra être réalisée avec un petit nombre de candidats et d'expériences. En revanche, si l'effet produit est très faible ou n'apparaît que chez un petit nombre de sujets, il pourra facilement être masqué par les autres facteurs intervenant dans l'évolution de ces individus. L'évaluation nécessitera alors de multiplier le nombre d'expériences et de tester un plus grand nombre de candidats ; elle pourra prendre de nombreuses années.

Dans le cas de la modification artificielle du temps, nous avons vu que les résultats étaient flagrants pour les brouillards et certains nuages peu épais. Pour les autres, la variabilité naturelle est telle que, la plupart du temps les évaluations n'ont pas été en mesure de fournir une information précise sur le degré de réussite ou d'échec de la méthode employée. Par exemple, en cinq ans de mesures intensives, une expérience comme Grossversuch IV en Suisse (voir le chapitre 4) a juste pu montrer que s'il y avait eu modification de l'énergie des chutes de grêle, celle-ci devait vraisemblablement se trouver quelque part entre une augmentation de 75 % et une réduction de 30 %. Cette large fourchette est due bien sûr au fait que l'effet des ensemencements n'est pas flagrant, mais aussi au faible nombre de cellules grêligènes observées pendant la période de l'expérience. Dans ce cas, on a estimé qu'il faudrait une vingtaine d'années d'expérience pour évaluer si l'éventuelle modification était supérieure ou inférieure à 15 ou 20 %, sans forcément être encore en mesure d'en déterminer le bénéfice ou la nocivité. Une période jugée beaucoup trop longue et trop onéreuse pour se permettre de la consacrer à l'évaluation d'une technique qui paraît encore très discutable.

Cependant, la méthode par tirage au sort est la seule qui soit réellement objective, c'est d'ailleurs celle qui sert de référence et qui a été utilisée dans la plupart des expériences que nous avons rapportées. Pour réduire la durée d'une expérience, et surtout s'assurer de ses chances de succès, il est important que toute opération de modification artificielle du temps soit accompagnée d'observations permettant de vérifier que les changements observés d'un point de vue statistique sont réellement associés aux ensemencements. Il est aussi nécessaire de déterminer l'ensemble des conditions dans lesquelles la technique d'ensemencement utilisée produit les effets souhaités. Tous les types de nuages ne sont vraisemblablement pas adaptés et il faut identifier ceux qui réagissent de façon inadaptée. Ce type d'évaluation physique permet de ne pas poursuivre au-delà du raisonnable l'emploi d'une méthode inappropriée. Il fournit aussi une idée des possibilités d'obtenir des résultats comparables dans un autre espace géographique.

Les recommandations de l'OMM

L'Organisation météorologique mondiale (OMM) considère que la modification artificielle du temps est encore du domaine de la recherche. Elle rappelle que très peu de programmes ont à ce jour satisfait les exigences scientifiques et recommande le développement de nouvelles études. L'insuffisance des moyens d'observation et de validation mis en place dans ces opérations n'a généralement pas permis de tirer des conclusions pouvant lever les incertitudes et faire progresser les connaissances et les techniques.

Toutefois, l'urgence et la nécessité de lutter contre des fléaux comme les sécheresses prolongées ou les fortes chutes de grêle ne s'accommodent pas toujours de la lente progression des travaux de recherche et de compréhension des phénomènes. Sous la menace, il est souvent urgent d'agir. Ainsi, malgré les incertitudes qui persistent, on observe depuis quelques années un fléchissement des efforts de recherche et une tendance à réaliser directement des projets opérationnels. Pourtant, les méthodes ne seront améliorées que par des études ciblées destinées à mieux comprendre les effets des ensemencements.

À l'intention des pays membres qui souhaiteraient malgré tout mener des programmes opérationnels, l'OMM publie toutefois un certain nombre de recommandations auxquelles nous nous sommes référés dans ce livre. Dans ses *Directives pour la planification d'activités de modification artificielle du temps*[1], elle rappelle les incertitudes des méthodes actuelles et incite à ne pas négliger les risques présentés par des techniques qui ne sont pas encore éprouvées. Un résumé indique aussi le degré de confiance que l'on peut attacher aujourd'hui aux différentes méthodes.

Il est en particulier recommandé de prévoir des programmes expérimentaux de longue durée, car la variabilité naturelle des précipitations est habituellement bien supérieure aux variations positives ou négatives attribuables aux ensemencements. Les projets opérationnels doivent être conçus pour permettre une évaluation de leurs résultats par des mesures physiques. Une attention particulière doit être apportée à la cohérence des opérations, car la validation des résultats d'un programme dépend largement de son degré d'objectivité scientifique. Enfin, le recours à des modèles de simulation numérique appropriés est conseillé car il diminue la période nécessaire à l'évaluation du projet.

Les aspects économiques, sociaux, écologiques et juridiques

Quels risques nous font courir les opérations de modification artificielle du temps ? Faut-il s'en garantir ? En dehors de la dissipation des brouillards et de certains nuages peu épais, il n'existe jusqu'ici aucune preuve de la possibilité de modifier volontairement le temps par des opérations d'ensemencement. Les aspects économiques, sociaux, écologiques et juridiques ne doivent cependant pas être négligés. L'aspect juridique peut revêtir une importance particulière lorsque des activités sont menées à bien dans des régions frontalières. Toute législation visant à promouvoir ou à réglementer ce type d'activité devra toutefois tenir compte des incertitudes scientifiques.

Ainsi, lors de la conception d'une opération de modification artificielle du temps, il est indispensable d'examiner toutes les répercussions possibles. À cet égard, il faut prendre en compte les incertitudes propres aux moyens mis en œuvre pour atteindre les objectifs assignés, mais aussi l'impact potentiel sur les écosystèmes et sur d'autres activités ou d'autres communautés. Ainsi, tenter de réduire les précipitations de grêle pourrait aussi avoir des conséquences néfastes sur la pluviométrie ; augmenter les quantités de pluie pour améliorer les récoltes pourrait bien pénaliser certaines activités touristiques, etc. On se rappellera ici les déboires du schtroumpf faiseur de pluie (voir l'avant-propos). Les risques les plus importants sont certainement associés aux tentatives d'intervention sur les systèmes particulièrement violents et persistants que sont par exemple les cyclones tropicaux ou les orages supercellulaires. En cas d'amplification ou de déroutement de tels systèmes, la responsabilité des opérateurs serait démesurée.

La question des « voleurs » de nuages

Peut-on détourner les nuages et faire tomber leur eau ailleurs qu'à leur destination naturelle ? Le nuage n'est pas une outre qui se remplit au-dessus des océans pour se vider quelque part au-dessus des continents et que l'on pourrait s'accaparer au passage. C'est une machine qui fabrique des précipitations lorsqu'elle est suffisamment alimentée en humidité (par évaporation des sols et des nappes d'eau, par évapotranspiration des végétaux…) et en aérosols servant de supports à la condensation, à la condensation solide et/ou à la congélation. Un nuage fournit des précipitations lorsque les conditions environnementales s'y prêtent. Une molécule d'eau ne passe dans un nuage qu'un temps très limité, très rarement plus d'une heure ; si elle n'a pas réussi à participer à la formation de précipitations, elle est évacuée. Ainsi, la pluie qui tombe à un endroit donné s'est-elle formée à partir de la vapeur d'eau prise dans l'atmosphère où le nuage se trouvait 20 ou 30 minutes plus tôt. L'impact des ensemencements pourrait modifier localement les précipitations, mais la pluie qui tombe à un endroit ne lèse pas de leur eau les régions adjacentes. Au contraire, l'augmentation de l'humidité des sols dans une région serait ensuite plutôt favorable à la formation de nouvelles précipitations dans la région concernée et dans les régions adjacentes. Il en irait autrement de l'assèchement d'une région qui pourrait alors étendre son influence sur les régions voisines.

La toxicité de l'iodure d'argent

Divers travaux ont été menés pour analyser la possible toxicité de l'iodure d'argent, l'agent d'ensemencement qui est aujourd'hui le plus utilisé dans les opérations d'ensemencement. En 2009, aux États-Unis, ils ont été passés en revue par la *Weather modification association*[2].

L'intérêt pour ce type d'étude a commencé il y a de nombreuses années car des quantités non négligeables d'argent et de ses composés chimiques sont rejetées dans l'atmosphère par certaines usines de l'industrie électrochimique, de fabrication de composés électroniques ou de traitement des déchets urbains. Des analyses réalisées en laboratoire ont alors montré que ces composés pouvaient être toxiques pour certains végétaux, certains poissons, insectes et autres petits animaux.

Mais les quantités d'iodure d'argent qui sont utilisées annuellement pour les opérations de modification artificielle du temps sont faibles. Des mesures, effectuées aux États-Unis en 1978, indiquent qu'elles étaient environ 1 000 fois inférieures à celles rejetées par les usines[3]. Des dizaines de milliers de prélèvements, réalisés dans les lacs et les rivières aux États-Unis[4], en Espagne[5] ou en Grèce[6] ont montré que ces ensemencements ne modifiaient pas sensiblement les quantités d'argent observées dans la Nature, avec des valeurs qui sont environ 500 fois plus faibles que les concentrations généralement acceptées comme valeurs seuils par les services sanitaires. À titre d'exemple, l'ensemble des expériences menées aux États-Unis, en 2009, aurait abouti à la dispersion de 460 kg d'iodure d'argent et de 220 tonnes de neige carbonique, qui libèrent en s'évaporant autant de tonnes de gaz carbonique. Cette dernière valeur, qui peut paraître colossale, est à mettre en regard des 30 milliards de tonnes de gaz carbonique envoyées chaque année dans l'atmosphère par l'ensemble des activités humaines.

L'ensemble des études, et en particulier celles réalisées par Cooper and Jolly[7], D.A. Klein[8] ou Williams and Denholm[9], montrent que l'impact environnemental des opérations de modification artificielle du temps, et en particulier sur les plantes, les poissons ou d'autres animaux sauvages, serait négligeable.

Nous n'avons pas connaissance d'études abordant la pollution due aux autres matériaux d'ensemencement (potassium, chlorure de sodium, chlorure de calcium…) qui sont moins souvent utilisés que l'iodure d'argent ou la neige carbonique. On peut cependant penser qu'une utilisation massive de sels pourrait avoir des effets corrosifs sur les infrastructures métalliques. Mais il faut aussi remarquer que les quantités utilisées sont généralement faibles et représentent de très basses concentrations une fois dispersées dans l'atmosphère.

Quel avenir pour la modification artificielle du temps ?

À l'exception de la dissipation des brouillards, la modification artificielle du temps fait, nous l'avons dit, encore partie de la recherche. Il n'existe pas de méthode fiable pour augmenter la pluie, réduire les précipitations de grêle ou atténuer les cyclones.

Les avancées sont difficiles faute d'une compréhension suffisante de la microphysique des nuages, de la formation des précipitations et de l'effet des ensemencements sur leurs évolutions. Mais les moyens disponibles pour progresser existent. Les connaissances acquises ces dernières années ont permis l'élaboration de nouveaux critères d'évaluation des expériences. Les capacités d'observation ont été élargies grâce à la disponibilité de nouveaux équipements : avions instrumentés pour la mesure *in situ* de paramètres météorologiques et microphysiques, radars Doppler et à double polarisation, profileurs de vent, observations depuis les satellites, radiomètres hyperfréquences, stations météorologiques automatiques, etc. L'emploi de traceurs chimiques permet de vérifier si la formation des gouttes ou des cristaux de glace peut être attribuée à l'agent d'ensemencement. Les ordinateurs actuels assurent le traitement d'énormes quantités de données. Les modèles de simulation numérique peuvent maintenant décrire les processus nuageux de manière plus précise. Ils permettent d'analyser les divers comportements d'un nuage en fonction de l'intensité des processus physiques responsables de son évolution et d'étudier ses réactions à diverses perturbations naturelles ou artificielles. Ils facilitent la vérification des hypothèses utilisées.

Ces travaux pour mieux comprendre les mécanismes qui conduisent à la formation des nuages et des précipitations sont d'autant plus nécessaires qu'ils concernent non seulement la modification artificielle du temps, mais aussi l'évaluation des évolutions du climat et la prévision de phénomènes violents comme les orages, les fortes averses, les chutes de grêle ou les coups de vents violents. En France, de nombreuses études sur le sujet sont menées en particulier à Météo-France, à l'Institut national des sciences de l'Univers (CNRS/Insu) et dans les laboratoires des universités de Clermont-Ferrand, Lille, Paris ou Toulouse. Elles mettent en œuvre des moyens importants et nécessitent le plus souvent une collaboration internationale.

Les résultats obtenus sont très encourageants, mais, là encore, la lente progression de la recherche est souvent incompatible avec l'impatience des opérateurs soumis à la pression d'événements parfois catastrophiques. Les tentatives qui sont menées pour tenter d'agir sur les phénomènes atmosphériques ne doivent cependant pas nous empêcher de développer en parallèle des méthodes permettant de développer une véritable politique de gestion des ressources en eau et de prévention des catastrophes naturelles ou provoquées.

Preuve de l'optimisme qui est affiché dans l'espoir d'obtenir bientôt des résultats positifs, de nombreuses expériences d'augmentation des précipitations sont poursuivies dans plusieurs pays et en particulier aux États-Unis où pas moins de 59 opérations d'ensemencement, couvrant 1,5 fois la superficie de la France métropolitaine, ont été répertoriées.

Notes bibliographiques

Avant propos (pp. 5-18)

1. Peyo, Y. Delporte et Gos, 1970, Le *Schtroumpfeur de pluie*, Éditions Dupuis.
2. Le Clézio, J.M.G., 1988, *Le rêve mexicain*, Gallimard.
3. Oddie, B.C.V., 1965, « The hail cannon, an early attempt at weather control », *Weather*, 20, pp. 154-156.
4. Moreux, T., 1912, *La foudre, les orages, la grêle,* Arthème Fayard & Cie éditeurs, p. 126.
5. Plumandon, J.-R., 1901, « Le tir du canon contre la grêle », *Encyclopédie scientifique des aide-mémoire*, Masson et Cie Éditeurs, pp. 5-26.
6. Moreux, T., 1912, *op. cit.*
7. Chalon, J.-P., 2007, « An outline of recent WMO activities in Weather Modification », *Ninth WMO scientific conference on weather modification*, Antalya, Turkey, WMP n° 44, pp. 15-20.
8. Pouget, J., 1964, *Nous étions à Dien-Bien-Phu*, Éditions Presse de la Cité, p. 388.
9. Hindman, E.E., II, 1978, « Water droplet fogs formed from pyrotechnically generated condensation nuclei », *Journal of Weather Modification*, Vol. 10, pp. 77-96.
10. House, T.J., *et al.,* 1996, « Weather as a force multiplier : Owning the weather in 2025 », *A research paper presented to Air Force 2025,* p. 44.

Chapitre 1 (pp. 19-35)

1. Coulier, P.J., 1875, « Note sur une nouvelle propriété de l'air », *J. Pharm. Chim.*, série 4, 22, pp. 165-173.
2. Wegener, A., 1911, *Thermodynamik der Atmosphäre*, Barth, Leipzig.
3. Aitken, J., 1880, « On dusts, fogs and clouds », *Proceedings of the Royal Society*, 11, pp. 14-18.
4. Aitken, J., 1923, *Collected scientific papers*, C. G. Knott Editions, Cambridge.
5. Un bilan de l'impact des aérosols produits par la pollution sur la formation des nuages et des précipitations a récemment été réalisé dans le cadre d'un groupe de travail de l'Organisation météorologique mondiale (OMM) et de l'Union géodésique et géophysique internationale (IAPSAG). IAPSAG, 2009, « Aerosol Pollution Impact on Precipitation », *The WMO/IUGG international aerosol precipitation science assessment group.* Zev Levin, William R. Cotton (Eds), New York Springer, 386 pp.
6. Reeves, H., 1986, *L'heure de s'enivrer*, Éditions du Seuil, collection Science ouverte.
7. Malaparte, C., 1943, *Kaputt,* Éditions Le Livre de Poche.
8. Wegener, A., 1911, *op. cit.*
9. Guilbert, G., 1921, « Sur la formation de la pluie et l'origine des cirrus », *Comptes rendus de l'Académie des Sciences,* 173, 999.
10. Dauzère, C., 1930, « La foudre, la grêle et la pluie », *Rev. Sci.,* 68, 7pp. 11-717.
11. Chalon, J.P., 2002, *Combien pèse un nuage ? Ou pourquoi les nuages ne tombent pas,* Éditions EDP Sciences, Collection « Bulles de Sciences », 188 p.
12. Findeisen, W., 1938, « Die kolloidmeteorologischen Vorgänge bei der niederschlagsbildung », *Meteorol. Z.,* 55, 365.
13. Schaefer, V.J., 1946, « The production of ice crystals in a cloud of supercooled water droplets », *Science*, 104, pp. 457-459.
14. Schaefer, V.J., 1948, « The production of clouds containing supercooled water droplets or ice crystals under laboratory conditions », *Bulletin of the American Meteorological Society*, 29, pp. 175-182.
15. Schaefer, V.J., 1948, « The natural and artificial formation of snow in the atmosphere », *Trans. Am. Geophys. Union,* 29, 492.
16. Vonnegut, B., 1947, « The nucleation of ice formation by silver iodide », *Journal of Applied Physics,* 18, 593.

17. Houghton, H.G., and W.H. Radford, 1938, « On the local dissipation of natural fog », *Papers Phys. Oceanogr. Meteorol.,* 6, 3.
18. Langmuir, I., 1948, « The production of rain by chain reaction in cumulus clouds at temperatures above freezing », *J. Meteor.,* 5, 175.
19. Hobbs, P.V. *et al.,* 1970, « Cloud condensation nuclei from industrial sources and their apparent influence on precipitation in Washington State », *Journal of Atmospheric Sciences,* 27, pp. 81-89.
20. Mather, G.K., 1991, « Coalescence enhancement in large multicell storms caused by the emissions from Kraft paper mill », *J. Appl. Meteor.,* 30, pp. 1134-1146.

Chapitre 2 (pp. 37-51)

1. Möller, D., *et al.,* 2003, « Fog dissipation by nucleation scavenging using ice particle blasting », *Eighth WMO scientific conference on weather modification,* Casablanca, Morocco. WMP Report n° 39, pp. 389-392.
2. Un guide des pratiques standard pour l'organisation et le fonctionnement des opérations de dissipation des brouillards a été réalisé et publié par la société américaine des ingénieurs civils (Projects ASCE EWRI 44-05, 2005).
3. Sauvalle, E., 1976, « Operational fog dispersal systems at Orly and Charles de Gaulle airports using the Turboclair process », *Second WMO scientific conference on weather modification,* Boulder, Colorado, USA. WMO Report n° 443, pp. 397-404,
4. Pu, J.P. *et al.,* 2003, « Experimentation study on fog dissipation by jet engine devices », *Eighth WMO scientific conference on weather modification,* Casablanca, Morocco. WMP Report n° 39, pp. 393-396.
5. Serpolay R., 1965, « A ground based device for dispersal of supercooled fogs », *Proceedings of the International Conference on Cloud Physics,* May 24-June 1, 1965, Tokyo and Sapporo, pp. 410-413.
6. Bankova, N.J. *et al.,* 2003, « Development of the automated system of ground nitrogen generators for dissipation of the supercooled fogs on higways », *Eighth WMO scientific conference on weather modification,* Casablanca, Morocco. WMP Report n° 39, pp. 385-388.
7. Möller, D. *et al.,* 2003, *op. cit.*
8. Houghton, H.G. and W.H. Radford, 1938, « On the local dissipation of natural fogs », *Phys. Oceanogr. Meteorol.,* 6.
9. Serpolay, R., et M. Andro, 1972, « Précipitation locale d'une nappe de brouillard par ensemencement à base de chlorure de sodium », *Journal de Recherches Atmosphériques,* pp. 529-535.
10. Khain, A. *et al.,* 2004, « Rain enhancement and fog elimination by seeding with charged droplets. Part I : Theory and numerical simulations », *Journal of Applied Meteorology,* 43, 1513-1529.
11. Chernikov, A.A., and M.N. Khaikine, 1999, « The use of electrical precipitators to clear warm fog », *Seventh WMO scientific conference on weather modification,* Chiang Mai, Thailand. WMP Report n° 31, pp. 335-338.
12. WMO, 2010, « WMO Statement on Weather Modification Research », *WMO documents updated in the meeting of the Expert Team on Weather Modification Research,* Abu Dhabi, 22-24 March 2010. Final revision, 27 April 2010.

Chapitre 3 (pp. 53-95)

1. Dessens, H., et J. Dessens, 1964, « Expériences avec le météotron », *Journal de recherches atmosphériques,* pp. 158-164.
2. Dessens, J., 1962, « Man-made tornadoes », *Nature,* 193, pp. 13-14.
3. Gioda *et al.,* 1992, « L'arbre fontaine », *La Recherche,* n° 249, pp. 1400-1408.
4. R.S.Schemenauer, P.Cereceda. 1991, « Fog-water collection in arid coastal locations », *Ambio,* Vol. 20 (7), Geobase, Elsevier, pp. 303-308.

5. Bowen, E.G., 1950, « The formation of rain by coalescence », *Australian journal of scientific research,* A3, p. 193.
6. Braham, R.R., Jr., *et al.,* 1957, « Artificial nucleation of cumulus clouds, clouds and weather modification : A group of field experiments », *Meteorological Monographs,* vol. 2, n° 11, pp. 47-85.
7. Farley R. D., and C. S. Chen, 1975, « A detailed microphysical simulation of hygroscopic seeding on the warm rain procès », *Journal of Applied Meteorology,* 14, pp. 718–733.
8. Houghton, H. G., 1938, « Problems connected with the condensation and precipitation processes in the atmosphere », *Bulletin of the American Meteorological Society,* 19, pp. 15-159.
9. Mason, B.J., 1971, *The physics of clouds,* Clarendon Press.
10. Hobbs, P.V. *et al.,* 1970, « Cloud condensation nuclei from industrial sources and their apparent influence on precipitation in Washington State », *Journal of Atmospheric Sciences,* 27, pp. 81-89.
11. Silverman, B.A., and M. Glass, 1973, « A numerical simulation of warm cumulus clouds. Part I – Parameterized versus non-parameterized microphysics », *Journal of Atmospheric Sciences, 30,* pp. 1620-1637.
12. Murty, A.S.R., 1989, « An overview of warm cloud modification research in India », *Fifth WMO scientific conference on weather modification and applied cloud physics,* Vol II, Beijing, China, 8-12 May 1989, pp. 521-524
13. Silverman, B.A. and W. Sukarnjanaset, 2000, « Results of the Thailand warm-cloud hygroscopic seeding experiment », *Journal of Applied Meteorology,* 39, pp. 1160-1175.
14. WMO, 2000, « Report of the WMO International Workshop on Hygroscopic Seeding, Experimental Results », *Physical Processes and Research needs,* Mazatlan, Mexico, 30 November-4 December 1999, *WMO–TD* n° 1059.
15. Mather, G.K., 1991, « Coalescence enhancement in large multicell storms caused by emissions from a Kraft paper mill », *Journal of Applied Meteorology,* 30, pp. 1134-1146.
16. Mather, G.K., D.E. Terblanche, F.E. Steffens, and L. Fletcher, 1997, « Results of the South African cloud-seeding experiments using hygroscopic flares », *Journal of Applied Meteorology,* 36, pp. 1433-1447.
17. Veraart, A.W., 1931, « Meer Zonnenschijn in het nevelig Noorden : meer Regen in de Tropen », *Seyffardt's Boek en Musiekhandel,* Amsterdam, 32 p.
18. Gagin, A., and J. Neumann, 1981, « The second Israeli randomized cloud-seeding experiment : Evaluation of the resul », *Journal of Applied Meteorology,* 20, pp. 1301-1311.
19. Battan, L.J., and A.R. Kassander, 1967, « Summary of results of a randomized cloud seeding project in Arizona », *Proceedings of the Fifth Berkeley Symposium on Mathematical Statistics and Probability,* Vol. 5, pp. 29-33.
20. Neyman, J., *et al.,* 973, « Downwind and Upwind Effects in the Arizona Cloud-Seeding Experiment », *Proc. Nat. Acad. Sci., USA,* Vol. 70, n° 2, pp. 357-360.
21. Decker, W.L., and P.T. Schickedanz, 1967, « The evaluation of rainfall records from a five year cloud seeding experiment in Missouri », *Proceedings of the Fifth Berkeley Symposium on Mathematical Statistics and Probability,* Vol. 5, pp. 55-63.
22. Ryan, B.F., and W.D. King, 1997, « A critical review of the Australian experience in cloud seeding », *Bulletin of the American Meteorological Society,* 78, pp. 239-254.
23. Hallett, J., and S.C. Mossop, 1974, « Production of secondary ice particles during the riming process », *Nature,* 104, pp. 26-28.
24. Gagin, A., and J. Neumann, 1974, « Rain stimulation and cloud physics in Israel », *Climate and Weather Modification,* W.N. Hess (ed.), Wiley and Sons, pp. 454-494.
25. Gagin, A., and J. Neumann, 1981, « The second Israeli randomized cloud-seeding experiment : Evaluation of the resul », *Journal of Applied Meteorology,* 20, pp. 1301-1311.
26. Vali, G. *et al.,* 1988, « Estimate of precipitation enhancement potential for the Duero Basin of Spain », *Journal of Applied Meteorology,* 27, pp. 829-850.
27. List, R., *et al.,* 1999, « The rain enhancement experiment in Puglia, Italy : Statistical evaluation », *Journal of Applied Meteorology,* 38, pp. 281-289.

28. Levin, Z., 1992, « Effects of aerosol composition on the development of rain in the Eastern Mediterranean : Potential effects of global change », *WMO Workshop on Cloud microphysics and applications to Global change,* Toronto, Canada, pp. 115-120.
29. Wurtele, Z.S., 1971, « Analysis of the Israeli cloud seeding experiment by means of concomitant meteorological variables », *Journal of Applied Meteorology,* 10, pp. 1185-1192.
30. Levin, Z., *et al.,* 2010, « Reassessment of rain enhancement experiments and operations in Israel including synoptic considerations », *Atmospheric Research,* 97, pp. 513-525.
31. Rangno, A.L., and P.V. Hobbs, 1995, « A new look at the Israeli cloud seeding experiments », *Journal of Applied Meteorology,* 34, pp. 1169-1193.
32. Cooper W.A., and R.P. Lawson, 1984, « Physical interpretation of results from Hiplex-1 experiment », *J. Climate Appl. Meteor.,* 23, pp. 523-540.
33. Mielke, P.W., Jr., *et al.,* 1971, « An independent replication of the Climax wintertime orographic cloud seeding experiment », *Journal of Applied Meteorology,* 10, pp. 1198-1212.
34. Rangno, A.L., and P.V. Hobbs, 1987, « A re-evaluation of the Climax cloud seeding experiments using NOAA published data », *J. Clim. Appl. Meteor.,* 26, pp. 757-762.
35. Rangno, A.L., and Hobbs, 1993, « Further analyses of the Climax cloud-seeding experiments », *Journal of Applied Meteorology,* 32, pp. 1837-1847.
36. Ryan, B.F., and W.D. King, 1997, « A critical review of the Australian experience in cloud seeding », *Bulletin of the American Meteorological Society,* 78, pp. 239-254.
37. Morrison, A.E. *et al.,* 2009, « On the analysis of a cloud seeding dataset over Tasmania », *Journal of Applied Meteorology and Climatology,* 48, pp. 1267-1280.
38. Cotton, W.R. *et al.,* 2006, « Simulations of snowpack augmentation in the Colorado rocky mountains », *J. Weather Modification Association,* 38, pp. 58-65.
39. Cotton, W.R., and R.A. Pielke Sr, 2007, *Human impacts on weather and climate,* Cambridge university press. 308 pp
40. Kraus, E.B., and P. Squires, 1947, « Experiments on the stimulation of clouds to produce rain », *Nature,* 159, p. 489.
41. Frisby, E.M., 1982, « Weather-modification in Southeast Asia, 1966-1972 », *Journal of Weather Modification,* Vol. 14, No. 1 (April 1982), pp 1-6.
42. Simpson, J., and W.L. Woodley, 1975, « Florida area cumulus experiments 1970-1973 rainfall results », *Journal of Applied Meteorology,* 14, pp. 734-744.
43. Rosenfeld, D., and W.L. Woodley, 1993, « Effect of cloud seeding in West Texas », *Journal of Applied Meteorology,* 32, pp. 1848-1866.
44. Woodley, W.L. and D. Rosenfeld, 2000, « Evidence for changes in microphysical structure and cloud drafts following AgI seeding », *J. Wea. Mod.,* 32, pp. 53-68.
45. WMO, 2010, « WMO Statement on Weather Modification Research », *WMO documents updated in the meeting of the Expert Team on Weather Modification Research.,* Abu Dhabi, 22-24 March 2010. Final revision, 27 April 2010.

Chapitre 4 (pp. 97-132)

1. Vinet, F., 2000, *Le risque grêle,* Éditions TEC & DOC, 240 p.
2. Mezeix, J.F. *et al.,* 1986, « La grêle », *La Recherche,* n°175, 17, pp. 300-310.
3. Plumandon, J.-R., 1901, « Le tir du canon contre la grêle », *Encyclopédie scientifique des aide-mémoire,* Masson et Cie Editeurs, pp. 5-26.
4. Plumandon, J.-R., 1901, *op. cit.*
5. Oddie, B. C. V., 1965, « The hail canon : an early attempt at weather control », *Weather,* 20, pp. 154-156.
6. Plumandon, J.-R., 1902, *The third international congress on hail shooting. Monthly weather review,* pp. 33-35.
7. Moreux, T., 1912, *La foudre, les orages, la grêle,* Éditions Arthème Fayard & Cie éditeurs, 128 p.
8. Ruby, F., 1964, *La grêle. La pluie artificielle,* Éditions Eyrolles, p. 119.

9. F. Ruby, 1964, *op. cit.*, p. 85 p.
10. Ruby, F., 1952, *La grêle. Étude sur la formation de la grêle et les moyens de s'en défendre*, Éditions Flammarion, Collection « La Terre », Paris, 320 p.
11. F. Ruby, 1964, *op. cit.*, p. 170.
12. Soulage, G., 1980, « Formation et prévention de la grêle », *Chambres d'agriculture*, Supplément au numéro 662-663, pp. 12-17.
13. List, R., 1963, « On the effect of explosion waves on hailstone models », *Journal of Applied Meteorology*, 2, pp. 494-497.
14. Favreau, R.F., and G. Goyer, 1967, « The effect of shock waves on a hailstone model », *Journal of Applied Meteorology*, 6, pp. 326-335.
15. Chalon, J.P., 2002, *Combien pèse un nuage ? Ou pourquoi les nuages ne tombent pas*, Éditions EDP Sciences, pp. 128-132.
16. Young, K.C., 1977, « A numerical examination of some hail suppression concepts », *Meteorological Monographs*, vol. 16, n° 38, pp. 195-214.
17. Rokicki, M.L., and K.C. Young, 1978, « The formation of precipitation in updrafts », *Journal of Applied Meteorology*, 17, pp. 745–754.
18. Sulakvelidze, G.K. *et al.*, 1974, « Progress of hail suppression work in the USSR », *In :* W.N. Hess (ed.), *Weather and climate modification* John Wiley & Sons, New York, pp. 410-431.
19. Bibilashvili, N.S. *et al.*, 1974, *Proceedings of the International scientific conference on weather modification*, Tashkent, 1973, p. 333.
20. Lacaux, J.P. *et al.*, 1985, « The disposition of silver released from Soviet OBLAKO rockets in precipitation during the hail suppression experiment Grossversuch IV », Part II : « Case studies of seeded cells », *Journal of Applied Meteorology*, 24, pp. 977-992.
21. Sulakvelidze, G.K. *et al.*, 1967, «Formation of precipitation and modification of hail processes », *Israel Program for Scientific Translation*, 208 p.
22. Burtsev, I.I., 1976, « Hail suppression », *Second WMO Scientific conference on weather modification*, Boulder, Colorado, USA, pp. 217-222.
23. Sulakvelidze, G.K. *et al.*, 1974, *op. cit.*
24. Atlas, D., 1977, « The paradox of hail suppression », *Science*, 195, pp. 139-145.
25. Knight, C.A. *et al.*, 1979, « Results of a randomized hail suppression experiment in Northeast Colorado » Part IX : « Overall discussion and summary in the context of physical research », *Journal of Applied Meteorology*, 18, pp. 1629-1639.
26. Chalon, J.-P., *et al.*, 1976, « Structure of an Evolving Hailstorm », Part I : « General characteristics and cellular structure », *Mon. Wea. Rev.*, 104, pp. 564-575.
27. Browning, K.A. *et al.*, 1976, « Structure of an evolving hailstorm. Part V : Synthesis and implications for hail growth and hail suppression », *Mon. Wea. Rev.*, 104, pp. 603-610.
28. Young, K.C., 1975, Growth of the ice phase in strong cumulonimbus updrafts », *Pure applied geophysics*, 113, pp. 1005-1017.
29. Browning, K.A., and G.B. Foote, 1976, « Airflow and hail growth in supercell storms and some implications for hail suppression », *Quarterly Journal of the Royal Meteorological Society*, 102, pp. 499-533.
30. Browning, K.A., 1975, « The structure and mechanisms of hailstorms », *Meteorological monographs*, n° 38, pp. 1-43.
31. Atlas, D., 1977, « The paradox of hail suppression », *Science*, 195, pp. 139-145.
32. Borland, S.W., and J.J. Snyder, 1974, « Effects of weather variables on the prices of Great Plains cropland », *Preprints Fourth Conference on weather modification, American meteorological society*, pp. 545-550.
33. Federer, B. *et al.*, 1986, « Main results of Grossversuch IV », *Journal of Climate and Applied Meteorology*, 25, pp. 917-957.
34. Mezeix, J.F., *et al.*, 1986, « La grêle », *La Recherche*, n° 175, 17, pp. 300-310.
35. Federer, B., *et al.*, 1986, *op. cit.*
36. Smith, P.L. *et al.*, 1984, « Aircraft observations inside Swiss hailstorms », *Proceedings of the 9th International Cloud Physics Conference*, Vol. I, Tallin, Estonia, pp. 109-112.

37. Ruby, F., 1964, *La grêle. La pluie artificielle*, Eyrolles, 184 p.
38. Dessens, H. *et al.*, 1970, « Contrôle d'une expérience de lutte contre la grêle par analyse d'une courbe double-masse des pourcentages de dégâts », *Journal de recherche atmosphérique*, pp. 71-74.
39. Dessens, J. *et al.*, 2003, « The French hail prevention program "Anelfa" : Results updating and proposal for duplication », *Eighth WMO Scientific conference on weather modification*, Casablanca, Morocco, *WMP Report* n° 39, pp. 295-298.
40. Ruby, F., 1964, *op. cit.*
41. Picca, R., 1971, « An operational method of hail suppression in France », *Proceedings of the International Conference on weather modification*, Canberra, Australia, American Meteorological Society, pp. 211-212.
42. Boutin, C., 1972, « Sur la méthodologie du contrôle des effets des opérations de prévention de la grêle », *Arch. Meteor. Geophys. Bioklim.*, B20, pp. 353-364.
43. Berthoumieu, J.F., 2003, « The concept of cloud base seeding with hygroscopic salts flares for hail prevention and rain precipitation : An actualisation », *Eighth WMO Scientific conference on weather modification*, Casablanca, Morocco, *WMP Report* n° 39, pp. 263-266.
44. WMO, 2010, *WMO Statement on Weather Modification Research. WMO documents updated in the meeting of the Expert Team on Weather Modification Research*, Abu Dhabi, 22-24 March 2010. Final revision, 27 April 2010.
45. Moreux, T., 1912, *op. cit.*
46. Gary, C., 1994, *La foudre*, Éditions Masson, 208 pp.

Chapitre 5 (pp. 133-142)

1. Byers, H.R., 1974, « History of weather modification », *Weather and Climate Modification*, W.N. Hess, Ed., Wiley & Sons, New York, N.Y., pp. 3-44.
2. Simpson, R.H. *et al.*, 1962, « A cloud seeding experiment in hurricane Esther, 1961 », *National Hurricane Research Project*, Report n° 60, U.S. Department of Commerce, Washington, D.C., 30 p.
3. Sheets, R.C., 1981, « Tropical cyclone modification : The project Stormfury Hypothesis, *Technical report ERL 414-AOML*, National Oceanic and atmospheric administration.
4. Sheets, R.C., 1979, « Some aspects of tropical cyclone modification », *Australian meteorological magazine*, 27, pp. 259-280.
5. Simpson, R.H. *et al.*, 1978, «TYMOD : Typhoon Modification», *Final Report. Prepared for the Government of the Philippines*, Virginia Technology, Arlington, Virginia. »
6. Cotton, W.R., and R.A. Pielke Sr, 2007, *Human impacts on weather and climate*, Cambridge university press, 308 p.
7. Jorgensen, D.P. *et al.*, 1985, « Vertical motions in intense hurricanes », *Journal of Atmospheric Sciences*, 42, pp. 839-856.
8. Willoughby, H.E. *et al.*, 1982, « Concentric eye walls, secondary wind maxima, and evolution of the hurricane vortex », *Journal of Atmospheric Sciences*, 39, pp. 395-411.
9. Rosenfeld, D. *et al.*, 2007, « Possibilities and limitations of concepts to modify hurricanes by cloudseeding with sub-micron hygroscopic aerosols », *Ninth WMO scientific conference on weather modification*, Antalya, Turkey, WMP n° 44, pp. 22-25.
10. Gray, W.M. *et al.*, 1976, « Weather modification by carbon dust absorption of solar energy », *Journal of Applied Meteorology*, 15, pp. 355-386.

Chapitre 6 (pp. 143-151)

1. GIEC, 2007, *4e rapport du Groupe d'experts intergouvernemental sur l'évolution du climat*, www.ipcc.ch.
2. Cotton, W.R., 2008, « Weather and climate engineering », *17th planned and inadvertent weather modification Conference*, Weather Modification Association.

3. Crutzen P., 2006, « Albedo Enhancement by Stratospheric Sulfur Injections : A Contribution to Resolve a Policy Dilemma ? », *Climatic Change*, Springer, 77(3-4), pp. 211-220.
4. Tilmes, S. *et al.*, 2008, « The Sensitivity of Polar Ozone Depletion to Proposed Geo-engineering Schemes », *Science*, 30, Vol. 320, n° 5880, pp. 1201-1204.
5. Latham, J., 2004, *UCAR Staff note*, May 2004.
6. Angel, R., 2006, « Feasibility of cooling the earth with clouds of small spacecraft near the inner Lagrange point », *Proceedings of the National Academy of Sciences*, USA, vol. 103, 46, pp. 17184-17189.
7. Lackner, K. S. *et al.*, 1995, « Carbon Dioxide Disposal in Carbonate Minerals », *Energy*, 20, (1995), pp. 1153-1170.
8. Minnis, P. *et al.*, 2004, « Contrails, cirrus trends and climate », *Journal of Climate*, 17, pp. 1671-1685.
9. Cotton, W.R., 2008, *op. cit.*
10. Lovelock, J.E. and C.G. Rapley, 2007, « These ocean pipes could help the Earth to cure itself », *Nature*, 449, p. 403.
11. Martin, J. H., 1990, « Glacial-interglacial CO_2 change : the iron hypothesis », *Paleoceanography*, 5, pp. 1-13.
12. Boyd P.W. *et al.*, 2004, « The decline and fate of an iron-induced subarctic phytoplankton bloom », *Nature*, 1 April, 428 (6982), pp. 549-553

Épilogue (pp. 153-165)

1. WMO, 2010, « Guidelines for the planning of weather modification activities » *WMO documents updated in the meeting of the Expert Team on Weather Modification Research*, Abu Dhabi, 22-24 March 2010. Final revision, 27 April 2010.
2. Weather modification association, 2009, *WMA position statement on the environmental impact of using silver iodide as cloud seeding agent*, 5 p.
3. Eisler, R., 1996, « Silver Hazards to Fish, Wildlife, and Invertebrates : A Synoptic Review », *Contaminant Hazard Reviews*, 32**,** Patuxent Wildlife Research Center, U.S. National Biological Service, Laurel, MD.
4. Stone, R.H., 2006, « 2006 Mokelumne Watershed Lake Water and Sediment Survey », *Final Report to the Pacific Gas and Electric Company*, Technical and Ecological Services, San Ramon, Ca.
5. Sánchez, J. L. *et al.*, 1999, « Comparison of rain-water silver concentrations from seeded and non-seeded days in Leon (Spain) », *J. Weather Mod.*, 31, pp. 87-90.
6. Tsiouris E.S. *et al.*, 2002, « Soil Silver Content of Agricultural Areas Subjected to Cloud Seeding with Silver Iodide », *Fresenius Environmental Bulletin*, 11, pp. 697-702.
7. Cooper, C.F., and W.C. Jolly, 1970, « Ecological effects of silver iodide and other weather modification agents : A review », *Water Resources Research*, 6, AGU, pp. 88-98.
8. Klein, D.A., 1978, *Environmental Impacts of Artificial Ice Nucleating Agents*, Colorado State University, Dowden, Hutchinson & Ross, Inc. Library of Congress Catalog Card Number, pp. 78-7985.
9. Williams, B.D., and J.A. Denholm, 2009, « Assessment of the Environmental Toxicity of Silver Iodide-With Reference to a Cloud Seeding Trial in the Snowy Mountains of Australia », *J. Weather Mod.*, 41, pp. 75-96.

Index

R-S

T-U

V-W-X-Z

IMPRIM'VERT®

Imprimé en France par Europe Media Duplication à Lassay-les-Châteaux
N° d'édition : 005101-01 - N° d'imprimeur : 25430
Dépôt légal : août 2011